安徽现代农业职业教育集团
服务"三农"系列丛书

Zuowu Shifei Jishu

作物施肥技术

主　编　李孝良
副主编　刘盼盼　周志红

北京师范大学出版集团
BEIJING NORMAL UNIVERSITY PUBLISHING GROUP
安徽大学出版社

图书在版编目(CIP)数据

作物施肥技术/李孝良主编. —合肥:安徽大学出版社,2014.1
(安徽现代农业职业教育集团服务"三农"系列丛书)
 ISBN 978-7-5664-0680-4

I. ①作… II. ①李… III. ①作物—施肥 IV. ①S147.2

中国版本图书馆 CIP 数据核字(2013)第 302080 号

作物施肥技术   李孝良 主编

出版发行 北京师范大学出版集团
        安 徽 大 学 出 版 社
        (安徽省合肥市肥西路 3 号 邮编 230039)
        www.bnupg.com.cn
        www.ahupress.com.cn
印　　刷 中国科学技术大学印刷厂
经　　销 全国新华书店
开　　本 148mm×210mm
印　　张 4.5
字　　数 119 千字
版　　次 2014 年 1 月第 1 版
印　　次 2014 年 1 月第 1 次印刷
定　　价 12.00 元
ISBN 978-7-5664-0680-4

策划编辑:李　梅　武溪溪   **装帧设计**:李　军
责任编辑:武溪溪   **美术编辑**:李　军
责任校对:程中业   **责任印制**:赵明炎

丛书编写领导组

组　长　程　艺
副组长　江　春　　周世其　　汪元宏　　陈士夫
　　　　金春忠　　王林建　　程　鹏　　黄发友
　　　　谢胜权　　赵　洪　　胡宝成　　马传喜
成　员　刘朝臣　　刘　正　　王佩刚　　袁　文
　　　　储常连　　朱　彤　　齐建平　　梁仁枝
　　　　朱长才　　高海根　　许维彬　　周光明
　　　　赵荣凯　　肖扬书　　李炳银　　肖建荣
　　　　彭光明　　王华君　　李立虎

丛书编委会

主　任　刘朝臣　　刘　正
成　员　王立克　　汪建飞　　李先保　　郭　亮
　　　　金光明　　张子学　　朱礼龙　　梁继田
　　　　李大好　　季幕寅　　王刘明　　汪桂生

丛书科学顾问
（按姓氏笔画排序）

王加启　张宝玺　肖世和　陈继兰　袁龙江　储明星

序

　　解决"三农"问题，是农业现代化乃至工业化、信息化、城镇化建设中的重大课题。实现农业现代化，核心是加强农业职业教育，培养新型农民。当前，存在着农民"想致富缺技术，想学知识缺门路"的状况。为改变这个状况，现代农业职业教育必然要承载起重大的历史使命，着力加强农业科学技术的传播，努力完成培养农业科技人才这个长期的任务。农业科技图书是农业科技最广博、最直接、最有效的载体和媒介，是当前开展"农家书屋"建设的重要组成部分，是帮助农民致富和学习农业生产、经营、管理知识的有效手段。

　　安徽现代农业职业教育集团组建于 2012 年，由本科高校、高职院校、县（区）中等职业学校和农业企业、农业合作社等 59 家理事单位组成。在理事长单位安徽科技学院的牵头组织下，集团成员牢记使命，充分发掘自身在人才、技术、信息等方面的优势，以市场为导向、以资源为基础、以科技为支撑、以推广技术为手段，组织编写了这套服务"三农"系列丛书，全方位服务安徽"三农"发展。本套丛书是落实安徽现代农业职业教育集团服务"三农"、建设美好乡村的重要实践。丛书的编写更是凝聚了集体智慧和力量。承担丛书编写工作的专家，均来自集团成员单位内教学、科研、技术推广一线，具有丰富的农业科技知识和长期指导农业生产实践的经验。

丛书首批共 22 册，涵盖了农民群众最关心、最需要、最实用的各类农业科技知识。我们殚精竭虑，以新理念、新技术、新政策、新内容，以及丰富的内容、生动的案例、通俗的语言、新颖的编排，为广大农民奉献了一套易懂好用、图文并茂、特色鲜明的知识丛书。

深信本套丛书必将为普及现代农业科技、指导农民解决实际问题、促进农民持续增收、加快新农村建设步伐发挥重要作用，将是奉献给广大农民的科技大餐和精神盛宴，也是推进安徽省农业全面转型和实现农业现代化的加速器和助推器。

当然，这只是一个开端，探索和努力还将继续。

安徽现代农业职业教育集团

2013 年 11 月

土壤是农业的基础,肥料是作物的"粮食"。化肥是当前世界粮食生产不可缺少的重要因素,化肥对农作物的增产起到很大作用。化肥的施用极大地推动了农业生产的发展,较大幅度地提高了农作物的产量,保障了我国粮食安全,对国民经济的发展和农业增产增收起到了较大的促进作用。

然而,由于科学种植和合理施肥的知识不够普及,在我国农业生产中,人们对肥料的认识还存在诸多误区。盲目施肥、单一施肥、偏施氮磷肥的现象比较突出,造成氮肥、磷肥的施用量过高,化肥的施用效果和施用效益明显下降;农家肥施用量少,化肥中氮、磷、钾和微量元素肥料配比不当,在肥料施用上存在随意性较大的问题,施肥方法不科学,严重降低了肥料的利用效率。同时,由于肥料施用不合理,造成土壤酸化、盐渍化现象严重,影响农作物的产量和品质,对土壤和地下水造成污染,严重破坏了农村生态环境。

当前,我国正在大力发展优质、高产、高效农业,这对作物生产中肥料的施用提出了更高的要求。国家也在大力推广测土配方施肥技术、土壤培肥技术和农作物标准化生产技术,这对农业生产起到了重要的促进作用,也形成了主要作物的肥水管理规程。但由于适合农民阅读的科学种植书籍较少、农业技术信息的宣传力度不够以及农村劳动力缺乏,因此农业生产中肥料的施用还不够规范。为此,我们编写了本书,旨在向广大种植户普及作物营养知识和合理施肥技术,以期为作物高效、优质生产尽微薄之力。

全书在结合安徽省种植情况的基础上,介绍了粮食作物、经济作物、果树作物和蔬菜作物的施肥技术,通过对主要农作物的营养需求分析,阐述了农作物的施肥技术,并结合作物无公害标准化生产技术,介绍了主要农作物的具体施肥方法。本书注重突出实用性和可操作性,以通俗易懂的语言,介绍了作物施肥中的具体做法。本书适合广大种植户、农业合作社及农业公司成员阅读,也可作为广大农技推广人员的知识读本。

由于编写时间较为仓促,而国内有关作物科学施肥的技术成果层出不穷,加上编者水平有限,书中不足之处在所难免,希望广大读者批评指正。

编 者

2013 年 11 月

目　录

第一章
粮食作物施肥技术

一、小麦施肥技术

(一)安徽省小麦种植概况

小麦属于禾本科、小麦属,是一种适应性很强的粮食作物。全世界有35%～40%的人口以小麦为主食。

小麦籽粒营养丰富,蛋白质含量高,一般为11%～14%,高的可达20%;氨基酸种类多,适合人体需要;富含脂肪、维生素及各种微量元素等,对人体健康有益。另外,小麦加工后的副产品中含有蛋白质、糖类、维生素等,因此,小麦的副产品也是良好的饲料。麦秆可用来制作手工艺品,也可作为造纸原料。

据不完全统计,安徽省小麦种植面积约为3300万亩[①],其中以冬小麦为主,主要分布在淮北、宿州、亳州、蚌埠、淮南、滁州、阜阳、合肥、六安等淮北和江淮之间的9个市。

(二)小麦营养需求

小麦的整个生长发育期中,要经历出苗、分蘖、越冬、返青、起身、

---

① 1亩约等于667米^2。

拔节、挑旗、抽穗、开花、灌浆、成熟等阶段。小麦在生长发育过程中，必须吸收碳、氢、氧、氮、磷、钾、钙、镁、硫、锰、硼、锌、铁、铜、钼、氯等16种营养元素。这些元素的生理功能既是专性的，又互有联系，对小麦的生长发育同等重要，不能相互代替。

小麦在生长过程中，对营养元素的需求有2个极其重要的时期，即营养的临界期和最大效率期。在营养的临界期，小麦对某种营养元素的绝对需求数量虽然不多，但这种元素却不能缺少。如果缺少这种营养元素，小麦的生长发育就会受到抑制，即使以后再补充这种营养元素，也难以弥补损失。对于小麦，不同营养元素的临界期出现的时间不同，氮素的临界期出现在分蘖期和幼穗分化的四分体期，若这2个时期的氮素营养供应不上，就会使分蘖和穗粒数明显减少，造成减产；磷素的临界期出现在三叶期；钾素的临界期出现在拔节期。

小麦是一种需肥量较多的作物。据实验结果分析，在一般栽培条件下，每生产100千克小麦，需从土壤中吸收氮3千克左右，五氧化二磷1～1.5千克，氧化钾2～4千克，氮、磷、钾的比例约为3∶1∶3。小麦对氮、磷、钾的吸收量，随着品种特性、栽培技术、土壤、气候等不同而有所变化。产量要求越高，吸收养分的总量也越多。小麦在不同生育期对养分的吸收量和比例是不同的。小麦对氮的吸收有2个高峰期：一是在出苗到拔节阶段，此期吸收的氮占总氮量的40%左右；二是在拔节到孕穗开花阶段，此期吸收的氮占总氮量的30%～40%。小麦对磷、钾的吸收，在分蘖期的吸收量约占总吸收量的30%，拔节以后吸收量急剧增长。磷的吸收量在孕穗到成熟期最多，约占总吸收量的40%。钾的吸收量在拔节到孕穗开花期最多，约占总吸收量的60%，其中小麦在开花时对钾的吸收量最多。

因此，在小麦苗期，应有适当的氮肥和磷、钾肥，促使幼苗早分蘖、早发根，培育出壮苗。拔节到开花阶段是小麦一生中吸收养分最多的时期，此期需要较多的氮、钾营养，以巩固分蘖成穗，促进壮秆、增粒。小麦抽穗、扬花以后应保持足够的氮、磷营养，以防脱肥早衰，促进光合产物的转化和运输,促进小麦籽粒灌浆饱满,增加粒重。

(三)小麦施肥技术

小麦施肥应体现有机肥和无机肥相结合的肥料特点,将有机肥和氮、磷、钾肥配合施用。施足底肥是促进麦苗前期早发、中期稳长、后期不早衰的重要措施。采用"重底早追"的原则,早施分蘖肥,看苗补施拔节肥或粒肥,增施有机肥和磷、钾肥。早施分蘖肥可以促根增蘖,使分蘖早、生发快,实现苗壮、穗多、穗大,为高产打下基础。

在施肥方法上,应以基肥为主,将有机肥和70%的氮肥作基肥施入,其余30%的氮肥在返青至拔节期作追肥施入。磷肥应一次性作基肥施入10～20厘米的土层中,对于缺水、降水量又小的旱地土壤,将磷肥平均分成3份,分别施入5厘米、10厘米、20厘米的土层中,有利于根系吸收,效果最好。北方土壤多为石灰性土壤,偏碱性,应施用酸性磷肥,如过磷酸钙、重过磷酸钙、磷酸一铵等;少用热法生产的磷肥,如钙镁磷肥等,这样有利于提高肥效和改良土壤。钾肥可随磷肥作基肥一次性施入,也可以70%作基肥施入,30%作追肥施入。小麦对锰比较敏感,土壤中有效锰含量低于10毫克/千克时小麦就会缺锰。我国北方大多数土壤缺锰,每亩可用2～4千克硫酸锰掺细土或与有机肥混合作基肥施入,隔年施1次,可增产5%以上;也可以用0.3%硫酸锰溶液喷施叶面,这样经济效益更好。随着平衡施肥技术的推广普及,一些厂家或配肥站生产的小麦专用肥,基本符合小麦的养分配比,可以按照其包装上的产品使用说明施用。但在施用前应认真辨别真假,以免上当受骗,造成经济损失。

1.冬小麦高效施肥法

(1)增施有机肥,培肥地力　研究表明,旱耕地、水田耕层土壤有机质含量分别在1.2%以上和2.0%以上,是旱耕地、水田小麦产量分别超过500千克/亩、450千克/亩的重要肥力指标。增施有机肥、推广秸秆还田技术(机械化程度高的地方,提倡双季秸秆粉碎还田)是提高土壤有机质含量的主要途径。我省淮河以北土壤质地以沙质和壤质为主的地区,土壤有机质矿化率较高,小麦高产施肥体系中有机肥的施入量应不低于 1000 千克/亩,采用双季秸秆还田技术时有机肥施入量应不低于 500 千克/亩。小麦收获时应采用留高茬或覆盖还田技术,秋季玉米收获时应采用机械粉碎还田技术。秋季小麦播种前,可结合秸秆还田增施有机肥,利用机械或人力进行深翻地,使耕层深度达 20 厘米以上,活化土壤养分,有利于小麦冬前壮苗,增加小麦的抗寒、抗旱能力。

(2)适当增施磷肥,提高磷氮比例 磷肥对于促进小麦根系发育分蘖有显著作用。我省麦区大多数耕层土壤有效磷含量为 15～20 毫克/千克,属于磷含量中等水平。但由于小麦从出苗到分蘖期的土温低,土壤磷的有效性差,磷肥利用率低,加上磷在土壤中移动性弱,增施磷肥仍然有较好的效果。我省淮河以北主要轮作制度为小麦—玉米一年两熟制,玉米季一般很少施用磷肥,在磷肥施用上通常是一季施、两季用。因此,必须适当增加磷肥施用量,提高磷氮比例。对于玉米季没有施磷的田地,纯磷施用量要提高到 8～10 千克/亩,磷氮肥比例(折纯)调整到(0.5～0.6)∶1,没有灌溉条件的干旱地区应调整到(0.7～0.8)∶1。对于玉米季施磷的田地,纯磷施用量也应维持在 4～6 千克/亩。

(3)稳定氮肥用量,提高氮肥利用率 过量施用氮肥会造成小麦对氮素的"侈奢"吸收,小麦贪青迟熟,病虫害加重,产量和品质下降。江淮之间地区小麦氮肥施用量应维持在 12～15 千克/亩,淮河以北地区维持在14～17 千克/亩。秋种时,当耕层土壤碱解氮量超过 100 毫克/千克时,小麦全生育期施氮量可适当降低 10%～15%;当土壤碱解氮量低于 80 毫克/千克时,施氮量可增加 10%～15%。在施基肥和追肥时,要注意调节氮肥的比例,改变"重施底肥、轻施追肥"的错误观念。基肥中氮肥和追肥中氮肥的比例,淮河以北半冬性品种为 6：4 或 5：5，江淮之间春性品种为 7：3 或 6：4。在追肥时间和次数上，应根据各地地力条件、品种特性、降雨和灌溉等条件来确定。追肥方法可采用穴施、开沟施和随水施等方式，增加施肥深度，以减少肥料的挥发，提高化肥利用率。

（4）补施钾肥 安徽省江淮麦区绝大部分土壤中速效钾含量在 100 毫克/千克以下，因此施用钾肥具有明显的增产效果。对小麦施钾要在增施有机肥、大力推广秸秆还田的基础上，合理补施化学钾肥，根据麦田土壤速效钾的丰缺状况，确定适宜施钾量。土壤速效钾含量在 80 毫克/千克以下时，补施纯钾 6～10 千克/亩；速效钾含量为 80～120 毫克/千克时，补施纯钾 5～8 千克/亩；速效钾含量在 120 毫克/千克以上时，补施纯钾 2～5 千克/亩，使钾肥和氮肥投入比例调整到 (0.3～0.4)：1。钾肥可作基肥施用，也可在返青拔节期同氮肥一起作追肥施用。对于土壤速效钾含量在 120 毫克/千克以上的田块，为更好地发挥钾肥的增产效果，减缓土壤速效钾持续下降的速度，可将钾肥重点施于玉米、水稻、棉花等秋熟作物上，小麦季即可利用其后效。

（5）配施微肥，重视喷施叶面肥 安徽省麦区土壤大多缺锌和硼，淮河以北麦区还缺锰，施用微肥的增产效果比较明显。各地应根据土壤中各种微量元素的含量，采用基施、浸种、种子包衣和叶面喷施等方式，有针对性地施用锌肥、硼肥、锰肥，还可以将微肥加入配方肥中施用。小麦叶面喷肥可与中后期病虫害防治结合起来，采用肥药混喷方式，将磷酸二氢钾、尿素、微肥等一些增产效果较好的叶面肥料加入药液中，达到一喷多效的目的。

（6）推广配方肥 在小麦施肥技术推广工作中，要不断丰富和完善配套施肥技术体系，探讨推广应用途径，简化施肥程序，由配方施肥逐步过渡到施小麦专用配方肥料等，大力推广缓控释肥等肥料新品种，提高肥料利用率。

同时，还应合理灌溉，提高水资源利用率。首先要加强农田基础建设,平整土地,沟渠配套,大力推广畦灌、喷灌等节水灌溉技术。其次,要针对天气、土壤墒情,结合抗旱重点做好小麦播种底墒水、越冬水、拔节水和扬花灌浆水的灌溉工作。灌水要与施肥结合,以水调肥,以水补肥,提高水和肥料的利用率。

2.合理施用微量元素肥料

微量元素对小麦的生长发育具有大量元素(如氮、磷、钾等)无法替代的作用,科学地增施微量元素肥料是小麦高产稳产的重要技术措施。

(1)铁肥 小麦每形成 1 吨干物质,需要吸收 232 克铁。小麦缺铁时,叶色黄绿,出现小斑点,嫩叶出现白色斑块或条纹,老叶早枯。

(2)硼肥 小麦每形成 1 吨干物质,需要吸收 18 克硼。小麦缺硼时,茎叶肥厚弯曲,叶呈紫色,顶端分生组织死亡,形成"顶枯";花丝伸展和分蘖均不正常,麦穗发育不好,结实率极差,严重时后期"穗而不稔"。在缺硼土壤上施用硼肥,可使小麦增产 10% 以上。

(3)锰肥 小麦每形成 1 吨干物质,需要吸收 26 克锰。小麦缺锰时,初期脉间失绿黄化,并出现黄白色的细小斑点,以后斑点逐渐扩大,连成黄褐色条斑,靠近叶的尖端有一条清晰的、组织变弱的横线,造成叶片上端弯曲下垂;根系发育差,有的变黑死亡;植株生长缓慢,无分蘖或很少分蘖。

(4)铜肥 小麦每形成 1 吨干物质,需要吸收 8 克铜。小麦缺铜时,新叶呈灰绿色,叶尖白化,叶片扭曲,叶鞘下部出现灰白色斑点或条纹,老叶易在叶舌处折断或弯曲;植株节间缩短,抽穗少,严重时不能抽穗或穗形扭曲,小穗上的次生花败育,籽粒发育不全或皱缩。

(5)锌肥 小麦每形成 1 吨干物质,需要吸收 21 克锌。小麦缺锌时,植株矮化丛生,叶缘扭曲或皱缩,叶脉两侧由绿变黄直至发白,边缘出现黄、白、绿相间的条纹。各地对比试验表明,在缺锌地区施用锌肥,可使小麦增产 5% 以上。

各地应利用测土配方施肥的测试结果,在微量元素含量低于临界值或处于较低含量水平时补施微肥,尤其是淮河以北 pH 较高的石灰性(黄)潮土、砂姜黑土,更应注重锌肥、锰肥的施用。施用微量元素肥料时可以与腐熟的有机肥混匀,于翻地前撒施,或施用含微量元素肥料的小麦配方肥,具体施用方法参见各类微量元素施用说明书。对于施用基肥时没有施用微量元素肥料的田地,中后期可结合病虫害防治,进行叶面喷施。喷施时间选择拔节期、扬花期、孕穗期均可,一般每天17～19时为最佳喷施时间。

二、水稻施肥技术

(一)安徽省水稻种植概况

水稻在我国的栽培历史悠久,是我国的主要粮食作物,全国以稻米为主食的人口约占总人口的 50%。水稻的适应性强,一般在酸性土壤、轻盐碱土壤、沙土、黏土、排水不良的低洼沼泽地,只要有水,均可栽培水稻。种植水稻是利用、改造低洼易涝地、盐碱地、沙薄地的重要途径之一。据不完全统计,安徽省常年种植水稻面积约为 3250万亩,总产量约为 130 亿千克。

(二)水稻营养需求

水稻在正常生长发育过程中,除必须吸收碳、氢、氧、氮、磷、钾、钙、镁、硫、锌、硼、锰、铜、铁、钼、氯等 16 种营养元素外,对硅的吸收量也很大。在不同生育期,水稻对营养元素的吸收量是不同的。

对于生育期短的品种,如早稻,大都采用"攻前保后"施肥法,即重施基肥,基肥施用量占总施肥量的 80% 以上,并早施、重施分蘖肥,酌情施用穗肥,达到"前期轰得起,中期稳得住,后期健而壮"的要求,主攻穗数,适当争取增加粒数和千粒重。对于中稻,常采用"前促中控"施肥法,即重施基肥,基肥用量一般占总施肥量的 70%～80%,并重视施分蘖肥和穗肥,在分蘖末期、穗分化始期控制施肥,即"攻头、保尾、控中间"。这种施肥方法要保证穗粒并重,既要争取穗头多,又要增加粒数。对于晚稻,常采用"前保中促"施肥法,即适量施用基肥和分蘖肥,合理施穗肥,酌情施粒肥,即"前轻、中重、后补足",达到"早生稳长、前期不疯、后期不衰"的要求。

(三)水稻施肥技术

(1)以产定肥 水稻测土配方施肥要掌握"以土定产、以产定肥、因缺补缺、有机无机相结合、氮磷钾平衡施用"的原则。每生产100千克稻谷需要吸收氮素 2.0～2.4 千克,五氧化二磷0.9～1.4 千克,氧化钾 2.5～2.9 千克。综合考虑土壤供肥能力、肥料利用效率以及生产水平等因素,在土壤养分中等的情况下,施用肥料中氮、磷、钾配比应为1:0.5:0.9左右。

(2)施足基肥 基肥以有机肥为主,以化肥为辅。有机肥属于完全肥料,除氮、磷、钾外,还含有钠、镁、硫、钙及各种微量元素。施用有机肥可改善土壤通气性能,提高保肥保水能力,促进稻株稳健生长,从而有利于提升水稻的产量和质量。若施用农家肥,一定要选用腐熟的农家肥。

(3)控制氮肥 对水稻适量施用氮肥可促进稻株发棵生长,但过量施用氮肥,不仅会造成稻株的无效分蘖增多、变青、倒伏、病虫害加剧,而且会导致空秕粒增多,结实率下降,影响水稻产量。因此,在水稻生长发育过程中要注意控制氮肥用量。

(4)重视施用磷、钾肥 磷、钾是水稻生长发育不可缺少的元素,它们可增强植株体内的活动力,促进养分合成与运转,加强光合作用,延长叶的功能期,使谷粒充实饱满,产量增大。磷肥以基施效果较好,钾肥以追施效果较好。

(5)补充中量元素和微量元素 中量元素如硅、钙、镁、硫等,均具有增强稻株抗逆性、改善植株抗病能力、促进水稻生长的作用。实践表明,在缺硫土壤施用硫肥,在缺硅土壤施用硅肥,均具有显著的增产效果。微量元素如锌、硼等,能改善水稻根部氧的供应,增强稻株的抗逆性,提高植株的抗病能力,促进后期根系发育,延长叶片功能期,防止植株早衰;能加速花的发育,增加花粉数量,促进花粒萌发,有利于提高水稻成穗率;还能促进穗大粒多,提高结实率和籽粒的充实度,从而增加稻谷产量。

1.稻田秸秆还田腐熟技术

稻田秸秆还田腐熟是指在上季作物收获后,应用秸秆快速腐熟技术,及时将秸秆还田腐熟进行下季种植。适宜采用该技术的区域为有水源保障的水稻—水稻、水稻—小麦(油菜)或者小麦(油菜)—水稻等两季耕作方式的水田。通过实施稻田秸秆还田腐熟技术,可以增加土壤的有机质含量,提高作物单产产量,并避免因焚烧秸秆而污染环境。技术要点如下:

(1)**上季作物收割** 小麦收割时留茬高度为5～10厘米,油菜收割时留桩高度为40厘米左右,水稻收割时留茬高度根据下季播种作物确定。对于土壤黏重、保水性强、下茬为旱作的田块,要注意开沟排除渍害。应根据田间杂草情况进行除草。

(2)**平铺秸秆** 将收获后的作物秸秆均匀地平铺在田地上,切忌碎草成堆。

(3)**施用秸秆腐熟剂** 对于下季作物为小麦(油菜)的田地,应撒用好氧性秸秆腐熟剂,并拍打稻草,使秸秆腐熟剂掉落到稻草下面。对于下季作物为水稻的田地,应撒用厌氧性秸秆腐熟剂,并灌深水泡田。

(4)**施用底肥(化肥)** 播种前合理施用底肥。为加速秸秆腐熟,应调整碳氮比,根据实际情况适当多施用一些氮肥。

(5)**播种** 在播种小麦(油菜)的田地,播种量应比常规栽培法略有增加。要将种子均匀地撒播,以利于出苗和保肥,并适当采用播后泼清粪水或灌跑马水的方法提高出苗率。在种植水稻的田地，通常采用水稻旱育抛秧技术，抛栽后 7 天要让秧根接触到水。

(6)田间管理 加强田间管理，及时追肥、除草、晒田、防治病虫害。

2.安徽省一季稻高产高效测土配方施肥技术

安徽省一季稻种植面积占全省水稻种植面积的 3/4 以上，主要分布在江淮丘陵、沿淮淮北、皖南丘陵山区和皖西山区，种植制度大体上可分为南部油菜茬（含冬闲田）一季稻、中部油菜（麦）茬一季稻和北部麦茬一季稻。安徽省种植的一季稻品种以成熟较早的中籼类型为主。中籼稻一般于 5 月上旬播种，6 月上旬移栽，9 月下旬至 10 月上旬收获，生育期为 140～150 天。测土配方施肥是一季稻获得高产的关键。

(1)安徽省一季稻养分吸收量 安徽省一季稻养分吸收量见表 1-1。

表 1-1 不同产量水平一季稻氮磷钾的吸收量

产量水平(千克/亩)	养分吸收量(千克/亩)		
	氮	五氧化二磷	氧化钾
500	11	3	13
600	13	4	15
700	15	5	17

(2)安徽省一季稻推荐施肥技术 由于土壤中氮、磷、钾等养分的含量及水稻对氮、磷、钾等养分的吸收利用状况不同，因此，在一季稻栽培中，氮、磷、钾等养分的管理应采取不同的策略。具体包括：氮素管理采用总量控制、分期调控技术；磷钾采用恒量监控技术；中量元素和微量元素做到因缺补缺。

①安徽省一季稻氮肥总量控制、分期调控技术。大量田间试验结

果表明,安徽省一季稻氮肥(纯氮)总量应控制在氮素 11～15 千克/亩,并根据目标产量对总量进行调整。其中 40%～50% 的氮肥在播前翻耕入土,50%～60% 的氮肥用于追施。详细技术指标见表 1-2。

表 1-2　不同产量水平一季稻氮肥的总量控制与施肥时期分配

目标产量 (千克/亩)	空白产量 (千克/亩)	氮肥总量 (千克/亩)	基肥用量 (千克/亩)	蘖肥 (千克/亩)	穗肥 (千克/亩)
500	<350	10.0	5.0	3.0	2.0
	350～400	8.0	3.2	2.4	2.4
	>400	6.0	2.4	1.8	1.8
600	350～400	13.0	6.0	4.0	3.0
	>400	11.0	4.0	3.0	4.0
700	350～400	15.0	7.0	4.0	4.0
	>400	13.0	5.0	3.0	4.0

②安徽省一季稻磷肥用量。根据土壤有效磷(Olsen-P 法)的测试值和目标产量确定安徽省一季稻的磷肥用量,磷肥全部作为基肥施用。详细技术指标见表 1-3。

表 1-3　安徽省一季稻土壤磷分级及磷肥用量

肥力等级	有效磷 (毫克/千克)	目标产量(千克/亩)		
		500	600	700
极低	<5	7.0	9.0	9.0
低	5～10	5.0	7.0	7.0
中	10～20	3.0	4.0	5.0
高	>20	—	2.0	2.0

③安徽省一季稻钾肥用量。根据土壤速效钾(交换性钾,醋酸铵法)的测试值和目标产量确定安徽省一季稻的钾肥用量。详细技术指标见表 1-4。

表 1-4 安徽省一季稻土壤钾分级及钾肥用量

肥力等级	速效钾 （毫克/千克）	钾肥总量 （氧化钾，千克/亩）	基肥用量 （千克/亩）	穗肥 （千克/亩）
极低	<50	10.0	7.0	3.0
低	50～70	8.0	5.6	2.4
中	70～100	6.0	3.6	2.4
高	>100	2.0	—	2.0

④安徽省一季稻微量元素施肥技术。针对安徽省部分稻田土壤可能缺锌和硼的情况，结合高产水稻生长发育的营养需求，制定出相应的技术指标。详细技术指标见表 1-5。

表 1-5 安徽省一季稻微量元素丰缺指标及施用量

元素	提取方法	临界指标 （毫克/千克）	推荐肥料	叶面追肥 （溶液浓度）	基施用量 （千克/亩）
Zn(锌)	DTPA	1.0	七水硫酸锌	0.1%～0.3%	1.0～2.0
B(硼)	沸水	0.5	硼砂	0.1%～0.3%	0.5～0.8

注：必须严格控制微量元素肥料的施用量，特别注意对其后效的利用和避免引起土壤污染。微量元素肥料作基肥施用时，需隔 2～3 个轮作周期施一次，防止因过量施用而产生毒害。

(3)安徽省一季稻专用肥配方制定及应用 沿江平原区土壤有效磷含量为 10±6 毫克/千克，速效钾含量为 75±23 毫克/千克；江淮丘陵区土壤有效磷含量为 15±8 毫克/千克，速效钾含量为 99±42 毫克/千克。大多数属于中等磷肥力、中下等钾肥力的土壤。

安徽省农业科学院土壤肥料研究所前期研究结果表明，结合安徽省土壤有效磷和土壤速效钾均处于中等肥力水平的现状和养分丰缺指标，安徽省一季稻高产高效的目标产量为 600 千克/亩，区域氮肥推荐用量为 12 千克/亩，其中基肥用量为 6 千克/亩（氮肥运筹为基肥：分蘖：孕穗＝5：3：2）。基肥的磷肥推荐用量为 4～5 千克/

亩,钾肥推荐用量为5~6千克/亩(考虑秸秆还田已释放部分钾肥)。根据一季稻基肥中 N：P_2O_5：K_2O 的比例,建议配方为 17：13：15。基肥施用一季稻专用肥 40 千克/亩,8 千克/亩的尿素作为分蘖肥追施,7 千克/亩的尿素和 5 千克/亩的氯化钾作为孕穗肥追施。

(4)大田施肥技术 大田施肥的施肥总量为氮肥(氮)12~14 千克/亩,磷肥(五氧化二磷)6~8 千克/亩,钾肥(氧化钾)7~9 千克/亩。其中氮肥总量的 40％~60％作基肥、20％~30％作分蘖肥(移栽后 8~10 天)、10％~30％作穗肥(移栽后 35~40 天)施用;磷肥全部作基肥施用;钾肥总量的 60％~70％作基肥、30％~40％作穗肥施用。若基肥施用了有机肥,可酌情减少化肥用量。对于秸秆还田150~200 千克/亩的水稻田,应适当提高基肥中氮肥的比例,在原施氮量的基础上增加10％~20％。

3.中晚稻追施穗肥关键技术

水稻穗肥一般在穗分化开始时施用,水稻穗分化发育形成是水稻生长发育的重要转折期。水稻开花后的光合物质产量与水稻的产量密切相关,合理施用穗肥对提高花后物质生产量、促进大穗形成、提高分蘖成穗数具有重要作用。施用穗肥需要掌握以下几种关键技术。

(1)穗肥施用的适宜时期 水稻穗肥一般在倒 2~4 叶期间施用,可以 1 次施用,也可分 2 次施用。穗肥施用的适宜时期为群体高峰苗已过、群体叶色明显褪淡显"黄"的生育时期。如果中期群体量大,叶色不落"黄",则不宜施用。因此在生产上,应根据品种分蘖特性、土壤肥力,适当降低基肥和分蘖肥施用量,确保施用穗肥时,水稻群体高峰苗开始下降,群体叶色明显褪淡显"黄"。合理的穗肥施用时间与数量应根据土地、品种、秧苗而确定。

(2)群体和叶色正常型的穗肥施用 施用穗肥时,该类型水稻群体的茎蘖数量适宜、叶色正常,即带蘖中大苗手工栽插稻的高峰苗控制在适宜穗数的 1.3～1.4 倍(机插稻、抛秧稻可提高到 1.4～1.5 倍),叶色于无效分蘖期按时落黄。这类田块可在倒 4 叶期和倒 2 叶期分 2 次施用穗肥,南方粳稻穗肥用量占总施氮量的 40%～50%,杂交籼稻穗肥用量占总施氮量的 20%～40%。一般后期光温条件较好时可多施穗肥,南方粳稻可多施,寒冷地区、稻瘟病重发地区要少施,苗数少的多施,苗数多的少施。

(3)群体偏小和叶色落黄型的穗肥施用 施用穗肥时,该类型水稻群体的茎蘖数量偏少、叶色早落黄,即群体有效分蘖在临界叶龄期不够苗,高峰苗不足适宜穗数的 1.3 倍,群体叶色在拔节前提早落黄。这类田块应提早到倒 5 叶期开始施穗肥,并于倒 4 叶期、倒 2 叶期分 2 次施用。氮肥用量:粳稻穗肥可比原计划穗肥增加 10%～15%,杂交籼稻穗肥也应增加 10%左右。

(4)群体过大和叶色偏深型的穗肥施用 施用穗肥时,该类型水稻群体的茎蘖数量过多、叶色偏深,即带蘖手插稻高峰苗达到适宜穗数的1.5倍以上(机插稻、抛秧稻群体茎蘖数在 1.6 倍以上),群体叶色至拔节期仍不褪淡显黄,穗肥要推迟并减量施用。粳稻品种的叶色若至倒 2 叶期显黄,穗肥用量应为设计用量的 40%～50%;若叶色至倒 1 叶期显黄,穗肥用量应为设计用量的 20%～30%;若叶色至倒 1 叶期仍不落黄,则不施穗肥。杂交籼稻品种也应减少施用穗肥,或仅施用适量磷、钾肥。

三、玉米施肥技术

(一)安徽省玉米种植概况

玉米是我国三大粮食作物之一,栽培历史悠久。玉米不仅是高产粮食作物,也是营养丰富的饲料作物和良好的工业原料作物。

安徽省玉米的种植主要集中在淮北平原,该地区玉米种植面积占全省玉米种植总面积的 80%以上,主要包括淮北市、宿州市、亳州市、蚌埠市以及阜阳市等。安徽省玉米的种植以夏玉米为主,播种面积约为 900 万亩,总产量为 25～30 亿千克。

(二)玉米营养需求

氮是夏玉米蛋白质的主要组分,也是夏玉米叶片中叶绿体的重要组分。氮能促进夏玉米旺盛生长,使茎叶繁茂、浓绿,增强光合作用,也具有使玉米显著增产的效果。磷是夏玉米细胞核的重要组成成分,能促进糖类、蛋白质和脂肪的正常代谢,促进夏玉米根系发育、细胞增殖,还可使雌穗受精良好,结实饱满,提早成熟。钾是夏玉米体内多种酶的活化剂,能增强光合作用,促进糖类代谢及蛋白质合成,增强夏玉米的抗高温、抗病虫害和抗倒伏能力,使玉米提早成熟。

在氮、磷、钾 3 种元素中,夏玉米对氮的需求量最多,钾次之,磷最少。一般每生产 100 千克籽粒,需吸收纯氮 2.6～3 千克,五氧化二磷 0.9～1.5 千克,氧化钾 2.5～3 千克。夏玉米在不同的生育阶段,对氮、磷、钾的吸收量各不相同。夏玉米苗期的氮吸收量较少,占总氮量的 2.1%;拔节孕穗期的氮吸收量占总氮量的 32.2%;抽穗开花期的氮吸收量占总氮量的 19%;籽粒形成阶段的氮吸收量占总氮量的 46.7%。夏玉米苗期的磷吸收量占总磷量的 1.1%;拔节孕穗期的磷吸收量占总磷量的 45.0%;抽穗受精和籽粒形成阶段的磷吸收量占总磷量的 53.9%。夏玉米在生长前期对钾的含量非常敏感,以后随着植株的生长发育,对钾的吸收量迅速下降,在拔节后又迅速上升,至开花期达到顶峰且吸收完毕。

(三)玉米施肥技术

玉米的施肥原则是:施足基肥,轻施苗肥,重施拔节肥和苞肥,巧施粒肥。

(1)基肥　基肥以有机肥为主,一般每亩施 3000 千克左右的有机肥。缺磷土壤每亩施过磷酸钙 30～40 千克,缺钾土壤每亩施氯化钾 5~10 千克。一般基肥中迟效性肥料约占基肥总用量的 80％，速效性肥料占 20％左右。基肥可全层深施，肥料用量少时，可采用沟施或穴施方法。间作或混作玉米时应重视施种肥，一般用有机肥料，配合适量氮、磷肥，采用条施或穴施方法。

（2）追肥　每亩追肥施用量低于 20 千克标准氮肥时，宜在拔节中期追肥一次，秆、穗齐攻。一般早熟品种在播后 30 天左右即喇叭口期追肥为好；中熟品种在播后 25 天左右追肥为好；晚熟品种在播后 35~40 天追肥为好。每亩追肥施用量超过 20 千克标准氮肥时，以分次追肥为好。重点放在攻秆肥和攻穗肥，辅以提苗肥和攻籽肥。各地试验结果表明，采用二次追肥时，一般以前重后轻为好，即攻秆肥占 60％~70％，攻穗肥占 30％~40％；对于高肥力田块或施过底肥、种肥、提苗肥的田块，则以前轻后重为佳。对于一些缺锌、铁、硼等微量元素的土壤，在拔节孕穗期喷施 0.3％硫酸锌溶液或 0.2％硼砂溶液，均有显著的增产效果。

第二章

经济作物施肥技术

一、油菜施肥技术

(一)安徽省油菜种植概况

油菜是世界上重要的油料作物之一,其种子含油量占其自身干重的35%～50%。油菜籽营养丰富,含有10余种脂肪酸和多种维生素,特别是维生素E的含量较高,自古以来被我国人民长期食用。

油菜是安徽省的主要油料作物,全省常年种植面积达1500万亩。安徽淮河以北地区属于黄淮流域冬油菜种植区,油菜种植面积小而分散;淮河以南地区属于长江流域冬油菜种植区,油菜种植面积较大,是安徽省油菜的集中产区。

(二)油菜营养需求

油菜是需肥较多的作物,对磷、硼敏感,对硫的吸收量很高。油菜的主要营养元素可通过秸秆还田方式返回土壤,因此,油菜是用地、养地结合的作物。

(1)氮　油菜幼苗期是氮素营养的临界期。苗期氮素的吸收量占总氮吸收量的45%。蕾薹期的营养生长和生殖生长均很旺盛,该阶段是油菜需氮最多的时期。

(2)磷 油菜生长初期对磷的反应最敏感,而磷在作物体内能被再度利用,所以油菜的磷肥应全部作基肥施用。花期至成熟阶段是油菜吸收磷元素最多的时期,此期吸磷量占全生育期吸磷量的50%以上。油菜成熟后,60%～70%的磷分布在籽粒中。

(3)钾 油菜对钾的需要量很大。抽薹期植株体内钾元素浓度最高。钾肥最迟必须在抽薹前施用,而且施用越早,效果越好。

(4)硼 硼对油菜的根系发育以及开花、授粉、结实等影响极大。苗期、薹期、花期是油菜需硼的关键时期。若油菜缺硼,在开花后期到结果期会出现"花而不实"现象。

(5)硫 油菜的蛋白质含量高,需要的硫比禾谷类、块根类作物多。施用硫酸铵、硫酸钾等含硫肥料对油菜生长具有双重作用。

另外,施用钙、镁、锌等肥料对油菜生长也有重要作用。

(三)油菜施肥技术

1.施足基肥

对油菜施肥时,应重视基肥的施用,若基肥不足,易导致幼苗瘦弱,进而影响植株的生长甚至油菜的产量。基肥以有机肥为主,以化肥为辅,可为油菜一生需肥打好基础。一般每亩施有机肥2500千克,45%通用型复合肥25～35千克,硼肥0.5～1千克。施用方法:结合耕翻整地将有机肥、复合肥与硼肥深施,切忌施肥过浅,以免造成油菜中后期缺肥。

增施种肥:试验结果表明,施用种肥可以大幅度地提高油菜产量。以每亩约施过磷酸钙10千克为宜,用灰粪拌匀后与种子混合,然后条施或穴施。

2.合理追肥

(1)早施苗肥 早施、勤施苗肥,及时供应油菜苗期所需养分,利用冬前短暂的较高气温,促进油菜的生长,达到壮苗越冬的要求,为油菜高产稳产打下基础。苗肥追肥可分苗前期和苗后期2次追施。苗前期肥在长至5片真叶时施用,一般每亩施5～6千克尿素,在缺磷、钾的土壤中,若基肥未施磷、钾肥,应补施磷、钾肥。

(2)重施冬肥 冬肥一般在腊月中上旬施用,每亩施入人畜粪750～1000千克。油菜冬前或越冬期施肥的作用:一是能够促进油菜在冬季缓慢生长,增强油菜的越冬抗寒能力;二是肥料冬施春用,有利于油菜春季早发;三是可以减少春季施肥,防止春季追肥过量导致油菜后期贪青旺长;四是可以充分利用冬季雨雪墒情,避免春旱时追肥困难;五是在低温季节追肥,可以提高肥料利用率,降低生产成本。

油菜冬季施用的肥料,以圈肥、土杂肥、猪粪等保暖性强的农家肥为主,根据油菜苗情长势,可适当加入碳酸氢铵、氯化铵等化肥。施肥后随即中耕除草、培蔸盖肥,防止油菜受冻和肥料流失。若遇干旱天气,应结合浇水抗旱,以水调肥,效果更好。

(3)稳施薹肥 油菜薹期是营养生长和生殖生长的并进期,植株在该阶段内迅速抽薹、长枝,叶面积增大,花芽大量分化。该阶段是需肥最多的时期,也是增枝增荚的关键时期。因此,要根据底肥、苗肥的施用情况和油菜长势情况施用薹肥。若基肥、苗肥充足,植株生长健壮,可少施或不施薹肥;若基肥、苗肥不足,有缺肥料的趋势,应早施薹肥。一般每亩施用高氮复合肥15～20千克。施肥时间一般以抽薹中期、薹高15～30厘米时为好。但长势弱的油菜可在抽薹初期施肥,以免早衰;长势强的油菜应延期追肥,可在抽薹后期、薹高30～50厘米时追施,以免植株在花期疯长而造成郁闭。

(4)巧施花肥 油菜抽薹后边开花边结荚,种子的粒数和粒重与开花后的营养条件关系密切。对于长势旺盛、薹期施肥量大的油菜,可以不施或少施花肥;对于早熟品种可以不施或在始花期少施花肥。花期追肥可以采用叶面喷施的方法,在开花结荚时期喷施0.1%～0.2%尿素或0.2%磷酸二氢钾。另外,可在苗后期、抽薹期各喷施一次 0.2%硼砂水溶液,防止出现"花而不实"的现象,从而提高产量。

3.正确施用硼肥

硼肥的施用方法有基施、浇施和叶面喷施 3 种。

(1)基施 在播种时,将硼肥与农家肥、化肥或适量的细土充分混匀,作基肥穴施或条施,尽量避免肥料与种子接触。

(2)浇施 将硼肥与人畜粪水肥或化肥水溶液混匀,于播种时浇入播种穴内作基肥,或在油菜生长前期、中期浇到油菜苗上作追肥。浇施硼肥的效果比干施或叶面喷施的效果好。

(3)叶面喷施 叶面喷施具有省肥、作物吸收快、施用时期灵活等特点。叶面喷施的时期宜早不宜迟,油菜开花后对叶面喷施硼肥的增产效果不显著。对叶面喷施硼肥的次数以 2 次以上为好。

硼肥的适宜用量应根据土壤类型和缺硼状况而定。一般来说,沙质土壤、缺硼严重的地块应施用硼肥的上限量,缺硼不严重的地块应施用硼肥的下限量。

4.水田三熟制油菜高产施肥

南方水稻种植区冬播作物主要有绿肥、油菜和小麦,各类作物由于本身的生物学特性及其所需要的耕作施肥条件等不同,对土壤养分的吸收和归还也各不相同,从而对后作的影响也不一样。生产实践证明,绿肥是以养地为主的作物,但由于土壤得不到很好的耕作,每年种植绿肥,易使土壤理化性状变坏;小麦是以用地为主的作物,若年年种麦,会使土壤养分消耗过多;油菜虽然也是需肥较多的作物,需要从土壤中吸收大量营养元素,但是可以通过油菜秸秆还田技术归还给土壤大量养分。

油菜籽中的氮、磷、钾是以饼肥形式还田,落花落叶和根茬中的氮、磷、钾则直接遗留在田间,只有茎秆和荚壳中的氮、磷、钾随收获物带走,若把茎秆和荚壳做成堆肥还田或进行秸秆还田,则油菜本身吸收掉的额外养分基本上都可以归还土壤。油菜为圆锥形根系作物，根系入土深，又比较发达，能使土壤深层养分不断集中到耕层。种植高产油菜时，完全可以做到用地养地相结合。因此，油菜是水田轮作的重要组成部分。

由于水田三熟制油菜所处的环境条件是移栽季节迟、耕作质量差、土壤养分少，反映到生长发育上一般是苗期生长慢、年前植株小、年后产量低，因此，水田三熟制油菜高产的关键是进行大壮苗移栽，提高移栽质量，搭好苗架，并加强田间管理，促进春后早发，以达到高产的生育指标。油菜的主要施肥措施及各期形态指标如下所述。

（1）抓好苗床施肥，培育壮苗　水田三熟制油菜由于移栽迟、气温低、土壤肥力和耕作质量差，所以必须培育壮苗，移栽后使壮苗迅速长根长叶。除扩大苗床比例（苗床与大田比例为 1∶5）、提早育苗（9 月中旬开始）、减少苗床密度（每平方米留苗 135～180 株）外，还必须抓好苗床施肥工作。幼苗 5 叶期以前，以促为主，主要施用速效肥，移栽前 1 周再施一次"送嫁肥"。11 月上旬移栽时，大壮苗的形态指标是：有叶 7～8 片，高约为 25 厘米，根颈粗 0.7～0.8 厘米，单株干重约为 2 克，叶面积约为 400 厘米^2。如提前到 10 月下旬移栽，则栽苗标准为：有叶 6～7 片，高约为 25 厘米，根颈粗 0.6～0.7 厘米。

（2）增加年前施肥量，重施底肥　早晚稻连作之后，土壤养分消耗很大，为了获得高产，必须重施底肥，并增大年前追肥量。亩产 150 千克的三熟制油菜，需氮 15～20 千克，相当于每亩施农家肥 4000～5000 千克，硫酸氢铵 20 千克，并配合施用过磷酸钙 20～25 千克，其中，年前施肥量为 70%～80%，以促进发棵越冬。试验表明，重施底肥（底肥占总施肥量的 70%，有机肥与尿素各占一半，薹肥占总施肥量的 30%）时，产量为 166.4 千克/亩，比轻施底肥（底肥占 30%，薹肥占 70%）增产 5.7%。底肥中增施磷肥时效果显著，尤其在缺磷的红黄土上，每亩施过磷酸钙 20 千克，可增产 56.4%～151.5%。亩产 150 千克菜籽的油菜年前形态指标为：单株有绿叶 9～10 片，叶面积约为800厘米^2,叶面积系数为1.4。

(3)早施薹肥,施好薹肥 在冬发基础上,争取春发,主要是施好和施早薹肥。试验表明,亩施氮磷复合肥7千克的油菜田,比不施薹肥的增产31.8%。薹肥要早施,以利春发,并以速效肥为主,也可配合迟效薹肥施用,同时要避免因薹肥施用过猛而造成油菜贪青、疯长、迟熟、病多甚至倒伏,以致于降低产量;对缺硼土壤还要注意喷施硼肥。三熟制油菜在抽薹期如能达到单株有绿叶15～16片、叶面积1700厘米^2、叶面积系数3左右、单株干重20克左右的标准,则有高产的可能。油菜主要生长阶段的形态指标见表2-1。

表 2-1　油菜主要生长阶段的形态指标

时间	主茎绿叶数(片)	根颈粗(厘米)	叶面积系数
越冬期	12	1.5	2.2
抽薹期	21	2.1	4.1
开花期	26	2.4	6.5

5.旱地二熟制油菜高产施肥

由于旱地油菜的前作收获早,耕作质量比水田高,因此"冬春双发"是旱地二熟制油菜高产的重要途径。江苏省淮阴地区农业科学研究所的研究资料表明,亩产250千克左右的油菜田总施氮肥28.5千克,钾肥24.3千克,磷肥21.7千克,基肥占全部肥料的70%左右,折合每50千克菜籽约需氮素5.2千克。具体措施为:

基肥:草杂肥约2500千克/亩,过磷酸钙约50千克/亩,豆饼约50千克/亩。

活棵肥(栽后1周):尿素约4千克/亩。

盘棵肥:尿素约4千克/亩。

返青肥:尿素约8千克/亩。

抽薹肥:人粪尿约1200千克/亩。

花肥:尿素约12.5千克/亩。

6.大面积平衡增产的油菜施肥

油菜的生育期长,需要肥料多,以上施肥环节主要是根据油菜高产的营养特点来考虑的。在生产实践中,还必须根据土壤肥力、前作种类、气候条件,尤其是肥料的计划用量来合理施肥,才能达到大面积平衡增产的目的。

充分利用农家肥作底肥,并在播种时用过磷酸钙 5～10 千克拌种。若土壤肥力较好、前茬为豆科作物,则前期营养可基本得到保证,可将有限的人粪尿或硫酸氢铵、碳酸氢钠等全部留作薹肥,以满足最大养分需要期的要求。如果土壤肥力差、晚稻田来不及晒垡,则除施用基肥外,应特别注意在苗床培育壮苗,移栽壮苗后及时追施活棵肥,加速返青和减少"假活"天数;另外,在春后开始旺盛生长时,再将速效氮肥约 10 千克/亩或粪水1000～1500 千克/亩作薹肥施用。这种施肥措施主要满足前期营养临界期及后期养分最大需要期的营养要求。

各主要油菜产区的大面积施肥原则为:对于华中区三熟制油菜,由于春发抽薹早,要求冬春二发,施肥措施是"三追不如一底"、"年外不如年内",必须有 70%～80% 的肥料集中在年内施用,其余 20%～30% 的肥料作为薹肥。而华东区油菜,春发抽薹较迟,2 月上旬至 3 月上旬是早熟品种花芽分化盛期,3 月上旬至 4 月上旬是晚熟品种光合面积增大、根系扩展、薹壮枝多的时期;对于年前施肥较少的油菜,施抽薹肥对壮薹、多枝、增粒有利,增产显著;对于施肥水平低的地区,年前施种肥、培根肥和年后施薹肥是经济有效的施肥措施。在缺硼地区,必须在苗期、抽薹期及花期分别喷施硼肥。

二、大豆施肥技术

(一)安徽省大豆种植概况

大豆籽粒营养丰富,富含蛋白质(40%左右)和脂肪(20%左右)。

其蛋白质含量比小麦、大米、玉米高 2~4 倍,特别是人体必需的 8 种氨基酸(称为"完全蛋白")的含量较高。

豆油的品质好,含有大量的不饱和脂肪酸,不含胆固醇,食用豆油具有预防因胆固醇升高而引起的心血管疾病的功效。

安徽省大豆种植区的分布非常广泛,按播种季节可分为春大豆区和夏大豆区 2 种;按多数大豆品种的生态要求,全省可分为淮北早中熟夏大豆区和淮南中晚熟春夏大豆区。淮北早中熟夏大豆区包括整个淮北平原及淮河南岸的部分县市,常年大豆种植面积占全省的80%~90%,是安徽省大豆的主产区;淮南中晚熟春夏大豆区包括整个沿江江南及江淮之间的大部分县市。

(二)大豆营养需求

大豆是需肥较多的作物。蛋白质和脂肪等营养物质的形成需要大量的营养元素,尤其是氮、磷、钾。一般认为,每生产 100 千克大豆需吸收氮(N)5.3~7.2 千克,磷(P_2O_5)1~1.8 千克,钾(K_2O)1.3~4.0 千克。

由于大豆根部生有根瘤,能固定空气中的游离氮元素并供给大豆生长发育所需,因此,大豆生长所需的氮元素并不完全依靠根系从土壤中吸收,约有 2/3 的氮元素来自于根瘤菌的固氮作用。

大豆在不同的生长发育阶段,需要的肥量不同。一般来讲,苗期是由种子营养转为靠自身根系吸收营养的时期,此时植株小,生长量少,对养分的需求量少,但为促进根系生长及根瘤的形成,应供应充足的磷肥,并施入少量氮肥。一般在形成第一复叶以前,根瘤菌从根毛侵入根部而迅速繁殖,根部受到刺激形成根瘤,通过根部疏导组织,作物将糖类运送给根瘤菌,根瘤菌将其固定的硝态氮供给大豆。随着大豆的生长,根瘤的体积增大、数量增多,根瘤菌的固氮能力逐渐增强,供给大豆的氮素逐渐增多。开花结荚期是大豆营养生长与生殖生长最旺盛的时期,大豆对养分的吸收在此期达到高峰,充足的养分供应可提高单株结荚率,明显提高大豆产量。鼓粒期以后,根系对养分的吸收能力降低,吸收量明显减少。微量元素中钼、硼、锰对大豆生长发育的影响较大。钼和硼都能促进根瘤的形成和生长,使根瘤菌的固氮能力增强;钼还能促进大豆植株对磷的吸收、分配和转化,并增强大豆种子的呼吸强度,提高种子的发芽势和发芽力;锰对大豆的光合作用、呼吸作用、生长和发育也有很重要的作用。

(三)大豆施肥技术

1.基肥

施基肥是大豆高产的基础,尤其是对于生育期较长的春播大豆。基肥应该包括全部有机肥、磷肥及部分氮肥,缺钾地块应施用钾肥。有机肥充足时,可满足大豆对多种元素的需要,尤其是钾及微量元素。有机肥施用量为2～3米³/亩,磷肥可用过磷酸钙与磷矿粉。将磷矿粉开沟施于深层,可供大豆全生育期生长需要。

2.种肥

种肥要能满足大豆在苗期对养分的需要。由于苗期大豆根少而小,对养分吸收能力弱,应供应足够的养分。种肥以速效性磷肥为主,配合少量微肥及氮肥。地力高的地块可不施氮肥;磷肥用过磷酸钙10～20千克/亩,开沟施于种子附近;微肥可采用钼酸铵拌种。为促进大豆根瘤菌的形成,增加根瘤数量,早固氮、多固氮,可采用根瘤菌剂拌种,每亩用根瘤菌剂200～250克,增产效果显著。

3.追肥

在施足基肥与种肥的情况下,一般在大豆苗期不需要追肥。在开花结荚期,由于植株生长旺盛,需要大量养分,此时为满足大豆生长发育的需要,增花保荚,提高产量,应追施适量氮肥。一般每亩用尿素 5~10 千克,时间选择在大豆开花前或初花期,对于地力高、长势强的地块,为防止植株徒长,施肥量宜少或不施,对于肥力低、长势弱的地块,宜早施、多施肥料。

另外,在花荚期对叶面喷施 1%~3%过磷酸钙、0.15%钼酸铵溶液或 0.1%~0.15%硼酸溶液 375~750 千克/公顷,可改善大豆品质并促进大豆早熟。在大豆花荚期对叶面喷施微量元素钼、硼、锌、锰等,有增产效果。

三、花生施肥技术

(一)安徽省花生种植概况

花生是安徽省主要的油料作物之一,在全省各地都有种植,常年种植面积为 300 万~400 万亩,主要集中在淮河以北和江淮丘陵地区,分别占全省花生种植总面积的 65%和 30%左右。

(二)花生营养需求

花生仁中含有丰富的蛋白质(30%左右)和脂肪(50%左右),还含有多种维生素。要形成这些物质需要大量的养分。据研究结果表明,每生产 100 千克花生荚果约需要纯氮 6.8 千克,磷(五氧化二磷)1.3 千克,钾(氧化钾)3.8 千克。在整个生长发育期,花生需要吸收氮、磷、钾、钙、镁、硫等大量元素和铁、钼、硼等微量元素,在这些元素中,以氮、磷、钾、钙 4 种元素的需要量较大,它们被称为花生营养的四大元素。花生在不同生育期对养分的需求各不相同。

(1)苗期 根瘤在苗期开始形成,但此时的固氮能力很弱,此期为氮素饥饿期,植株对氮素缺乏十分敏感。因此,未施底肥或底肥用量不足的花生田应在此期追肥。

(2)开花下针期 此期植株生长较快,且植株大量开花并形成果针,对养分的需求量急剧增加。根瘤的固氮能力增强,能提供较多的氮素。此期植株对氮、磷、钾的吸收量达到高峰。

(3)结荚期　荚果所需的氮、磷元素可由根、子房柄、子房同时供应,所需要的钙则主要依靠荚果自身吸收。因此,当结果层缺钙时,易出现空果和秕果。

(4)饱果成熟期　此期植株的营养生长趋于停止,对养分的吸收减少,营养体的养分逐渐向荚果中运转。由于此期根系的吸收功能下降,应加强根外追肥,以延长叶片功能期,提高饱果率。

花生与大豆一样,根部生有根瘤,能固定空气中的氮元素供花生生长发育需要,全生育期仅需从土壤中吸收氮元素总量的 1/3 即可满足花生的需求。

花生对氮、磷、钾的吸收量是两头少、中间多。花生在苗期由于生长缓慢,吸收养分少,氮、磷、钾的吸收量仅占全生育期总吸收量的 5% 左右。开花期是花生植株迅速生长的时期,此期开花很多,对养分需求量多。此时早熟品种对氮、磷、钾的吸收量达到最大,占吸收总量的一半以上。晚熟品种开花期对钾的吸收量接近总量的一半,对氮、磷的吸收量在结荚期达到最高,占总量的一半以上。成熟期根系的吸收能力减弱,对养分的吸收减少。

(三)花生施肥技术

施肥原则:有机肥料与无机肥料配合使用;氮、磷、钾、微肥合理搭配,施足基肥,适当追肥。施肥方法有如下几种。

1.基肥和种肥

基肥应以腐熟的有机肥为主,配合氮、磷、钾等化学肥料,一般每公顷施用尿素 150～300 千克、过磷酸钙 450～750 千克、硫酸钾 150～225 千克。施肥时要注意保持和提高肥效,结合冬耕或早春耕施入肥料,既可满足花生对各种矿质元素的需要,又能改良土壤。施肥时要遵循"肥多撒施,肥少条施"的原则。在施用种肥时,要使肥料和种子相隔离,以免烧伤种子,影响发芽出苗;化学氮肥以硫酸铵作种肥为宜。

2. 根外追肥

花生叶面喷肥具有吸收利用率高、节约肥料、增产显著效果等特点,特别是在花生生长发育后期,根系开始衰老,叶面喷肥的效果更为明显。对叶面喷施氮肥,花生的吸收利用率可达55%以上,叶面的磷肥可以很快被转运到荚果,促进荚果充实饱满。补充氮素时,可每公顷使用1%尿素水溶液900千克左右进行叶面喷施;施用磷肥时,可每公顷使用2%~3%的过磷酸钙水溶液1125~1500千克进行叶面喷施;施用钾肥时,可每公顷使用5%~10%的草木灰浸出液或2%硫酸钾、2%氯化钾水溶液900千克左右进行叶面喷施;在花生生长发育后期,也可每公顷用2.25~3.00千克磷酸二氢钾兑水750千克左右进行叶面喷施,最好连喷3次,每次间隔7天。

3. 微肥

微量元素对花生生长发育起的作用是大量元素无法替代的,科学地增施微量元素肥料是保证花生优质高产的重要措施之一。

(1)铁肥 花生每形成1吨干物质,需要吸收264克铁。花生缺铁时,植株矮小,分枝少,开花迟,花量少,根瘤少,根系发育差,心叶以下的1~3片复叶叶肉部分明显失绿,但叶脉仍为绿色。严重缺铁时,叶脉失绿、黄化,上部叶片呈黄白色,长时间后叶片出现褐色坏死斑,直至叶片枯死。在缺铁土壤上施用铁肥,一般可使花生增产10%以上。

施用方法:一是作基肥。整地时,亩施硫酸亚铁200~400克,与有机肥或过磷酸钙混合施用。二是作种肥。播种前,用0.1%硫酸亚铁溶液浸种24小时,捞出并晾干种皮后播种。三是根外喷施。在花生花针期、结荚期或新叶出现黄化症状时,用0.22%硫酸亚铁溶液进行叶面喷施,一般每隔 5～6 天喷 1 次,连续喷洒 2～3 次。

(2)硼肥 花生每形成 1 吨干物质,需要吸收 44 克硼。花生缺硼时,植株矮小,分枝多,呈丛生状;展开的心叶叶脉颜色浅,其余部分颜色深,深绿和浅绿相间,叶片小而皱缩,叶尖发黄,逐渐向外扩大,叶缘干枯,叶枕有褐色痕,叶柄不能挺立,甚至下垂,老叶颜色灰暗;植株开花少甚至无花,根容易老化,扩权能力弱,须根很少,根尖端有黑点,易坏死;果仁发育不良,易形成有壳无仁的空心果。在缺硼土壤上施用硼肥,可使花生增产 7.8%～22.5%。

施用方法:一是作基肥。亩施硼酸或硼砂 0.2～1 千克,与有机肥或氮、磷化肥混合施用。二是作种肥。播种前,用 0.05% 硼酸或硼砂溶液浸种 4～6 小时,或者每千克花生种中拌入硼酸或硼砂 400 克。三是作追肥。每亩用硼酸或硼砂 50～100 克,混在少量腐熟的有机肥料中,在开花前追施。四是根外喷施。在花生苗期、始花期和盛花期,用 0.2% 硼酸或硼砂溶液进行叶面喷施。

(3)钼肥 花生每形成 1 吨干物质,需要吸收 1.32 克钼。花生缺钼时,根瘤菌的固氮作用受阻,因而通常表现出典型的缺氮症状。另据国外研究发现,即使在完全无钼的情况下,花生也能继续开花结果,只是生长受到抑制。在缺钼土壤上施用钼肥,可使花生增产 11.93% 左右。

施用方法:一是作基肥。整地时,亩施钼酸铵 50～100 克,与过磷酸钙混合施用。二是作种肥。播种前,用 0.1%～0.2% 钼酸铵溶液浸种 3～5 小时,或用种子量 0.2%～0.3% 的钼酸铵拌种。三是根外喷施。在花生苗期和花期,用 0.1%～0.2% 钼酸铵溶液进行叶面喷施。

合理施用微肥能够提高花生产量,给种植户带来良好收益。

4.春花生施肥技术要点

(1)施足基肥 基肥用量应占施肥总量的 80%～90%。一些花生田只施基肥,后期不进行追肥也能获得高产。施用基肥时,可每亩施优质圈肥 1000～3000 千克。

(2)增施磷肥 花生所需磷肥比一般作物多,对磷肥的吸收利用率也高。试验证明,每亩施过磷酸钙 10 千克,花生的增产效果显著,而且后效很明显。在瘠薄地施用磷肥时,每亩加入 2.5～5 千克的尿素作为种肥,更能发挥出磷肥的增产效果。但在施用种肥时,要将肥、种隔离,以免伤害种子,影响其发芽出苗。

(3)钙肥 每亩花生田施硫酸钙 10 千克,既可调节土壤 pH,提高根瘤菌的固氮能力,又可改善氮素营养,促进荚果发育,减少空果和烂果。

(4)菌肥 人工接种花生根瘤菌可使花生早结且多结根瘤,提高花生植株的固氮能力。目前生产上推广的花生根瘤菌剂(根瘤菌肥)用量一般为 25 克/亩,使用时要将其加入适量水,调成糊状,与种子拌匀。注意要随拌随种,防止日晒,另外也要避免根瘤菌剂与杀菌剂混用或接触。

5.夏花生施肥技术要点

要获得夏花生的高产,施肥时要做到"两追一喷四补"。具体方法是:

第一次追肥在小麦收获后和花生团棵前,及早灭茬追肥。施肥量为每亩约用花生肥 30～40 千克,或尿素 10 千克、磷酸二铵 15 千克、氯化钾 10 千克。第二次追肥在幼果开始膨大期,一般每亩追施尿素约 10 千克。

一喷即在生育后期,每亩约用尿素 0.5 千克加磷酸二氢钾 0.2 千克,兑水 50 千克进行叶面喷施,喷 2～3 次,可防止植株早衰。

四补即补施钙肥、钼肥、铁肥和硼肥。钙肥用磷石膏,在花生封行前,每亩施用磷石膏约 50 千克,浅施于结荚层;钼肥用钼酸铵,在苗期用 0.05% 钼酸铵溶液喷施 2 次;铁肥用硫酸亚铁,雨后或灌水后用 0.2％硫酸亚铁溶液喷施 2～3 次;硼肥用硼酸,用 0.1％硼酸溶液在始花盛花期喷施 2 次。

6.秋花生花后根外施肥要点

秋花生花后进入下针结荚期。若此时气温逐渐下降,雨水开始减少,会不同程度地影响地上部分如蔓茎和叶片的生长。然而,这时正是秋花生生长的关键时期。因此,及时采用根外追肥方法补充养分,可以增强生长后劲,防止茎叶过早衰落,有效提高结实率和饱果率。以下是几种秋花生花后需要根外追肥的肥料种类。

(1)**氮磷钾肥**　氮磷钾肥可以满足有效荚果发育对氮、磷、钾的需要,提高有效荚果数和荚果充实度,具有显著的增产效果。对于有缺磷、缺钾表现的花生田,每亩可用 0.2％磷酸二氢钾溶液 60 千克均匀喷洒叶面;对于同时有缺氮表现的花生田,每亩可加入尿素0.5～1千克。

(2)**硼肥**　硼肥能促进花粉萌发,有利于授粉受精,提高坐果率,同时还能增加叶绿素含量,防止生理病害发生。在缺硼田块中,每亩用硼砂 120 克兑水 50 千克,分别在秋花生盛花期和荚果充实期各喷施 1 次。注意:硼砂要用少量水溶解后,再加水稀释。

(3)**钼肥**　钼具有促进花生根瘤菌固氮的作用,在秋花生下针结荚期及时补充钼肥,有利于提高果重。每亩用钼酸铵 50 克兑水 50千克,分别在盛花期和荚果充实期各喷施 1 次。

(4)**铁肥**　花生对铁极为敏感,在碱性土壤种植花生易发生缺铁症,表现出黄叶白化症状。及时喷施铁肥,可使花生叶色在几天内由白转绿,减轻缺铁带来的危害。在花生花针期、结荚期或新叶出现黄化症状时,用 0.2％硫酸亚铁溶液进行叶面喷施,一般每隔 5～6 天喷1 次,共喷施 2～3 次。

(5)**锰肥**　花生在生长期缺锰时,叶片边缘出现褐斑,开花、成熟延迟,荚果发育不良。严重缺锰时,叶脉间失绿,其典型症状表现为

"湿斑病状"。特别是在碱性土壤中,锰的可利用性低,易出现缺锰症状。在缺锰土壤上施用锰肥,可使花生增产 10％以上。从花生进入果针膨大期开始到收获前 15～20 天,可每亩用 0.1％硫酸锰溶液50～60 千克均匀喷雾,每隔 10～14 天喷 1 次。

(6)光合微肥 在花生花后施用光合微肥,不仅能满足其对多种微量元素的需要,而且还能抑制光呼吸,减少消耗,提高光合效能,促进荚果充实饱满,有明显的增产效果。在秋花生盛花期和荚果充实期,每亩用光合微肥 100 克兑水 50 千克,在 2 个时期各喷雾 1 次。注意:施用时间以阴天或晴天每日 15 时以后为宜。

四、芝麻施肥技术

(一)安徽省芝麻种植概况

芝麻又称"胡麻"、"脂麻",是我国四大油料作物之一,其种子的含油率为 45％～62％。芝麻油是品质优良的食用油,清澈芳香,维生素 E 和不饱和脂肪酸含量高。籽粒中的蛋白质含量为 24.4％,其中甲硫氨酸、半胱氨酸的含量相对较多。

安徽省是全国重要的芝麻产区,种植面积和总产量约占全国的1/6,均居全国前三位,出口量居全国第一位。安徽省芝麻种植面积约为 186.9 万亩,总产量约为 11.82 万吨,主要种植在阜阳市、亳州市、滁州市、宿州市、蚌埠市等地。

(二)芝麻营养需求

芝麻是一种需肥较多的经济作物。据测算,每生产 100 千克芝麻籽,需从土壤中吸收纯氮 8.3 千克、五氧化二磷 2.1 千克、氧化钾4.4 千克,氮、磷、钾的比例约为 1:0.3:0.5。芝麻各生育期的需肥规律是:幼苗期生长缓慢,根系吸收力弱,吸收养分的比例较小,需肥量约占全生育期需肥总量的 30％;现蕾初花阶段吸收养分的能力增强,植株生长速度加快,干物质积累增加,尤以盛花结蒴阶段生长最快,需肥量最大,60%~75%的养分是开花以后吸收的;盛花期以后,吸收的养分量又逐渐减少。

芝麻对氮素的吸收从花期开始进入高峰。芝麻在成熟期,每天还从外界吸收大量氮素,这在其他作物中是很少见的。一般作物出现了吸氮高峰以后,吸氮强度会迅速下降,吸氮高峰前后大起大落,而芝麻的吸氮强度是大起缓落,一直延续到成熟期仍从外界吸收大量氮素。因此对芝麻追施氮肥时,不但要满足芝麻茎叶生长盛期对氮素的需要,而且要注意在生长后期追施氮肥,以保证芝麻在成熟期对氮素的大量需要。

芝麻在苗期只吸收很少的磷,但磷对苗期植株却非常重要,这是由于芝麻种子小,靠籽实提供的磷非常少。芝麻幼苗从很小就进入断乳期,即种子养分消耗完了,需要根系从土壤中吸取养分。而此时芝麻幼苗的根系较嫩弱,吸收养分的能力很差。若土壤中没有足够的有效磷,就会造成磷素缺乏,即使以后有足够的磷,也不能弥补苗期缺磷带来的损失。芝麻的大量吸磷期主要在花期以后。要满足芝麻整个生育期对磷的需要,除了在苗期施磷外,在芝麻生长后期,更要关注芝麻是否缺磷,以便采取措施补施磷肥,如根外喷施磷肥等。

芝麻对钾的吸收和积累规律与氮、磷不同,概括起来说就是"两头少,中间多",而氮是"前期少,中期多,后期也多",磷是"前期少,中间多,后期更多"。芝麻成熟期是大量吸收磷和氮的时期,而成熟期几乎不再吸收钾,甚至还会出现钾的外渗现象。

(三)芝麻施肥技术

1.芝麻施肥技术要点

(1)施肥量和施肥种类　芝麻的施肥量和施肥种类应根据产量水平、土壤肥力状况等来确定。试验表明,每亩施纯氮 2.3~4.6 千克时,单产随施肥量的提高而增加,每千克纯氮使芝麻种子增产6~8千克,经济效益较好;每亩施纯氮4.6~9.2千克时,每千克纯氮使芝麻种子增产4~6千克,经济效益次之;每亩施纯氮9.2~18.4千克时,每千克纯氮仅使芝麻种子增产1~4千克,经济效益较差。芝麻一般每亩施纯氮5~9千克。

芝麻的磷、钾肥施用量一般为每亩施过磷酸钙15~20千克,草木灰50千克或硫酸钾、氯化钾5千克。对速效磷含量在3毫克/千克以下的缺磷土壤,每亩施过磷酸钙25~40千克。对速效钾含量在40毫克/千克以下的缺钾土壤,可每亩施氯化钾或硫酸钾10千克,或草木灰125~150千克。

(2)**基肥** 根据芝麻生育期较短、需肥多而集中的特点,应重施基肥。基肥一般以腐熟的堆厩肥、人畜粪和饼肥等有机肥为主,配合施用氮、磷、钾肥。一般每亩施用有机肥1500~2000千克,过磷酸钙15~20千克,硫酸钾或氯化钾5千克,掺匀后施用。采用地膜覆盖技术栽培芝麻时,由于盖膜后追肥困难,要适当增施基肥,每亩施土杂肥2000~2500千克,过磷酸钙25~35千克,氯化钾6~8千克,尿素5千克。

(3)**种肥** 芝麻在苗期对氮的需求量较高,而芝麻种子中氮的含量少,因此施用种肥对增产是不可缺少的环节。种肥能及时满足苗期植株对养分的需要,而且用量少,肥分集中,肥效快,对壮苗效果好。由于种子小、种皮薄、抗逆性差,芝麻对种肥的要求很严格,凡用化肥作种肥时,用量宜少,最好与土杂肥混用。用豆饼、芝麻饼作种肥时,要尽量粉碎、撒开。要注意防止化肥烧苗以及有机肥在发酵时烧苗,造成缺苗断垄。种肥用量不宜过多,一般每亩用1.5~2.5千克尿素或含氮量相当的硫酸铵,或用5~7.5千克粉碎的饼肥与少量细土或腐熟土杂粪混匀,撒施在播种沟、播种穴内或随种下地。也可在播种后用肥料覆盖,一般每亩用土杂灰粪500千克左右。一些地方每亩用细碎厩肥50~100千克,加骨粉2~2.5千克、硫酸铵1~

1.5千克,混合配制种肥。

(4)追肥 追肥是调节芝麻营养的主要措施。由于芝麻对氮、磷的吸收一直持续到成熟期,很容易出现后期脱氮脱磷现象,使芝麻不能正常成熟,所以在芝麻生育中后期追施氮磷肥是很重要的。对芝麻追肥多用化肥或腐熟的有机肥。化肥宜开沟条施。颗粒状的尿素也可在无露水时撒施,然后松土掩肥或灌水。对芝麻追肥应抓住苗期和现蕾初花期这2个重要施肥期。在夏芝麻和秋芝麻地区,由于农活繁忙,有机肥大多已用于春播粮、棉作物,肥料比较短缺,往往不施基肥或基肥施用不多,因此宜早施重施苗肥。苗肥一般在定苗前后追施,每亩施尿素3～5千克或人畜粪水1500～2000千克。此外,对土壤贫瘠、幼苗长势瘦弱的芝麻田也要及时追施提苗肥,促进植株健壮、均衡地生长。如果土壤肥沃,基肥和种肥充足,幼苗生长较好,则不必追施苗肥。

芝麻初花以后对养分的吸收达到高峰,早施重施花肥是夺取芝麻高产的关键环节。单秆品种的追肥宜在现蕾到初花阶段施用,分枝品种的追肥宜在分枝出现时施用。一般每亩追施尿素5～7.5千克。对保肥性好的黏壤土,只需追一次花肥;而对保肥性差的沙质土,为防止后期脱肥,还需在开花结蒴阶段补施一次花肥。一般每亩施尿素2.5～3千克或硫酸铵5～7千克。追施时间不宜迟于盛花期,否则易造成贪青晚熟和产生病害。

此外,叶面喷施是一种用肥少、成本低的经济施肥方法,它对芝麻生长具有特殊意义。芝麻叶面容易附着肥料溶液,对芝麻进行叶面喷施比对其他作物喷施的效果更好。一般在芝麻初花至盛花阶段对叶面喷施磷肥,每亩用0.2%磷酸二氢钾溶液或0.4%硫酸钾溶液50～75千克,隔5～7天喷1次,连喷2次,或用3%过磷酸钙溶液喷施,均能增蒴、增粒重,提高含油量。喷施氮肥时,可配制2%尿素溶液,尿素是最适合用于根外追肥的氮肥。在江淮平原芝麻生产区,芝麻对锌、硼、锰等微肥反应良好。微量元素合适的浓度为0.2%。微量元素施于土壤后容易被固定,因此根外喷施微量元素肥料的利用率最高。叶面喷施最好在风小、晴天傍晚时进行。

2.芝麻高产施肥技术

(1)高产芝麻的需肥特点 芝麻是喜肥作物。目前,一般芝麻亩产为 40～60 千克,高产田块亩产为 75～95 千克。在生育中后期,芝麻进入营养生长与生殖生长并进的时期,根系也进入旺发期,此时需肥量加大,如果此期肥力不足,就会导致植株矮小、花荚少、籽粒少、产量低。

(2)施足底肥 据调查,约有 80％的田块不施底肥或追肥。增施底肥有利于促进植株根系发达,主根增长,侧根增多,吸收养分增多,苗期早发,叶面积增大,光合作用增强,从而搭起丰产的苗架。具体来讲,底肥必须一次性施足施全,每亩需施腐熟的农家肥 2000～2500千克,磷肥 20～25 千克,钾肥 10～15 千克,硼肥 0.7～1 千克。若加施饼肥 75～100 千克,复合肥 20～25 千克,则增产效果更加显著。

(3)追施苗肥 苗期芝麻的需肥量虽然较少,但在幼苗瘦弱、生长不良的情况下追施苗肥,对培育壮苗、多分化花芽和分枝以及植株以后的生长发育都是十分重要的。在芝麻进入花芽分化期时追施速效性氮肥的效果最好,一般每亩施尿素 3～5 千克,看苗、看地、看天气确定施用量,苗肥一般在定苗后施用。

(4)重施花蕾肥 芝麻开花结蒴期是其一生中吸收养分的高峰期,从初花期到盛花期,植株对氮、磷、钾的吸收量分别占 66.2％、55.19％、58.37％。重施花蕾肥能促进花蕾分化,保障盛花结蒴阶段植株对养分的大量需求,具有显著的增产和改善品质作用。花期追肥以在现蕾初花期进行最为适宜,一般每亩施尿素 5～7.5 千克,再在开花结蒴阶段补施一次,用尿素 2～3 千克,增产幅度为 18％～25％。注意:施肥时要抢在雨前或雨后地湿时施入,或在晴天露水干后施入,不宜在干旱时施肥,否则必须及时灌水。

（5）**叶面喷肥**　试验结果表明,在花期喷施 2 次磷酸二氢钾溶液,芝麻的千粒重平均增加 0.09 克,增产率为 19％。第一次在初花期喷施,隔 5 天后喷施第二次。一般每亩用磷酸二氢钾 200～250 克,兑水 50～62.5 千克。应选择在阴天或晴天傍晚时施肥,可避免喷肥时受高温和干热风的干扰,减少营养液水分的蒸发,有利于叶片对肥分的吸收。

另外,对于徒长芝麻,可于初花期喷一次 0.01％缩节胺溶液,能抑制徒长,使芝麻茎秆矮健粗壮,增产效果显著。

3.夏芝麻施肥技术

对夏芝麻施肥的要求是"一稳、二准、三狠"。

一稳,即苗期施肥要稳。夏芝麻在苗期生长缓慢,根吸收养分的能力弱,底肥不足会造成幼苗瘦弱,应尽早追施提苗肥,但用肥量要少,否则很容易形成高脚苗。

二准,即现蕾期追肥要准。夏芝麻在现蕾到初花期,生长速度明显加快,此时若及时追肥,能促进花芽分化,提高结蒴数量。

三狠,即花期追肥要狠。夏芝麻在盛花期到成熟期边开花、边结蒴和成熟,对肥料的需求量急剧增加。此期追肥既能减少夏芝麻的黄梢尖和秕粒,还能增加千粒重。一般要求盛花期追肥宜早,应分 2 次施入:初花后 10 天左右每亩追施纯氮 2～3 千克;结蒴后 10 天左右每亩追施纯氮 3～5 千克。为了满足盛花期植株对磷、钾肥的大量需求,可每亩用磷肥 2 千克、钾肥 1 千克,兑水 50 千克,混合后取其清液喷施,增产效果明显。

五、棉花施肥技术

（一）安徽省棉花种植概况

棉花是世界性经济作物,棉花生产在国民经济中占有重要地位。

据统计,安徽省棉花的种植面积约为 540 万亩,全省棉花产量约为 38 万吨。全省棉区可分为:淮北棉区,包括宿州市、阜阳市、淮北市的濉溪县,淮南市的凤台县,共 22 个县(市),22 个国营棉花原种场;江淮丘陵棉区,包括六安市、滁州市(不含天长市)和合肥市,共 15 个产棉县,9 个国营棉花原种场;沿江棉区,包括安庆市、宣城市、池州市、铜陵市、芜湖市等,7 个国营棉花原种场,3 个良种轧花厂。

(二)棉花营养需求

棉花的生长期较长,在开花以前以营养生长为主,主要长根、长茎、增叶;开花以后,营养器官的生长渐缓,而以增蕾、开花、结铃为主。棉花的不同生育期由于生长发育特点不同,对养分的需求也不同。现将棉花的营养特征和需肥规律概括如下。

1. 出苗到现蕾期

棉花一生中的含氮水平在出苗到现蕾期最高。棉花在期内以营养生长为主,生长中心是茎、叶、根,此时体内氮代谢较为旺盛。由于此期苗小,吸收养分总量少,所吸收的氮、磷、钾均不足全生育期的 5%。营养元素的绝对量虽不多,但需求很迫切,尤其是磷素。此期若能保证养分的充足供应,可使棉花提前现蕾。

2. 现蕾到开花期

此期内若氮素供应过多,常会引起棉株徒长,增加蕾铃脱落,因而要避免施用过多氮肥。在此期增施钾肥,可提高茎叶中的含钾量。现蕾到开花期是棉花从营养生长向生殖生长过渡的时期,但仍以营养生长为主。此时棉花生长很快,吸收养分增多,其中氮占总量的 27%～30%、磷占总量的 25%～29%、钾占总量的 21%～32%。此期保证适量的养分供应对减少蕾铃脱落至关重要。

3.开花盛期到吐絮期

此期内棉花的生殖器官中磷和钾的含量迅速增加。若磷、钾供应不足,则会影响植株对氮素的摄取。棉花在开花盛期到吐絮期内营养生长减弱,生殖生长增强,碳氮代谢旺盛,对养分的吸收量最大,养分积累在此期达到高峰,氮、磷、钾的吸收量均占全生育期的60%～70%。该期是营养吸收的最大效率期,此时保证充足的养分供应对棉桃发育非常重要。

棉花在吐絮至成熟期营养生长停止,棉铃成为营养供应的中心,营养器官中的营养物质也大量向棉铃中转移。此时根系的吸收能力逐渐变弱,吸收的氮、磷、钾仅为总量的1%～8%。在生育后期,通过合理施肥维持棉花根系与叶片的功能,对高产有一定的作用。

棉花的品种不同,栽培方式就不同,各阶段的需肥特点也有所差异。研究发现,早熟品种由于生育进程加快,与相同产量的中熟品种相比,其养分的吸收速率峰值出现较早,生育前期吸收养分的速率大,养分积累数量占一生总量的比例较高,因此与中熟品种相比,早熟品种需要早施肥。

地膜覆盖也使棉花各阶段的吸肥规律发生改变。与露地棉花相比,地膜覆盖使棉花各生育期的吸肥量均有所增加,但各期的增加程度不同,其中氮、钾绝对量的增加依次为花铃期＞蕾期＞吐絮期＞苗期;磷素绝对量的增加依次为蕾期＞花铃期＞苗期。因此,地膜棉施肥中氮、钾肥应重点在花铃期施用,而磷肥应重点在蕾期和花铃期施用。

(三)棉花施肥技术

1.农家肥与化肥对棉花的作用

(1)厩肥、堆肥和氮肥 厩肥和堆肥是棉田常用的农家肥,一般棉田每公顷用 30～45 吨农家肥作基肥,高产棉田每公顷用 45～75 吨农家肥作基肥。一般棉田在每公顷施总氮 112.5～150 千克的情况下,将 37.5 千克纯氮作基肥,与农家肥一起在耕翻前施入土壤(其余的在花铃期作追肥施用),可获得良好效果。中上等地力壤质棉田的保肥、供肥能力较强,氮肥一般分 2 次施用,一次作基肥施用 45% 左右,另一次在花铃期作追肥施用 55% 左右。对地力较高、保肥能力强的棉田,也可将适量氮肥一次性作基肥施入;对土壤肥力较差、质地偏砂、保肥能力较差的棉田,氮肥可分 3 次施用,即 30% 作基肥,20% 作蕾期追肥,50% 作花铃期追肥。

(2)钾肥 钾肥以基肥、追肥各半施用的效果较好,单作基肥施用时也可产生良好效果。钾肥施用量要根据地力状况而定,在施用氮、磷的基础上,一般中等地力棉田每公顷施用氯化钾或硫酸钾 135～150 千克,中下等地力棉田每公顷施用氯化钾或硫酸钾 225 千克左右。

(3)硼肥 硼肥可作基肥、种肥和追肥施用。严重缺硼的棉田(土壤有效硼含量低于 0.2 毫克/千克)每公顷用 3.75～7.5 千克硼肥施在播种沟、移栽沟、移栽穴中,作种肥时的效果很好。棉花在苗期和蕾期对养分需求量不大,一般棉田在施足基肥的条件下,可以不施追肥。但在棉麦两熟套种的情况下,由于棉苗在棉麦共生期间受小麦吸肥影响,长势较弱,需适当追肥以促进其生长。在小麦收割后要尽快中耕灭茬,追肥灌浅水,一般苗肥每公顷用量为尿素 52.5～75 千克或腐熟人粪尿 2250～3750 千克。

基肥中的磷肥可以满足棉花全生育期对磷的需要,所以一般不再对棉花追施磷肥。

2.根据棉花不同生长时期施肥

棉花的施肥原则为:施足基肥,轻施苗肥,稳施蕾肥,重施花铃肥。后期可酌情进行根外追肥。

(1)基肥 由于棉花生育期较长,为保证棉花全生育期的供肥,要求施足基肥。作基肥施用的氮肥比例因土壤肥力及气候条件而异,中上等棉田中氮肥基施用量一般占总量的45%左右,肥力差的棉田中氮肥基施的比例可适当降低,而旱地中则可将氮肥作基肥一次施入。磷、钾肥主要以基肥的形式施入,在速效钾含量较低的土壤上,可留一部分钾肥作追肥。由于棉花的根系为直根系,入土较深,基肥一般要求深施。若基肥量少,则最好条施。对于育苗移栽的棉田,一般在移栽前将基肥施于移栽沟内,移栽后覆土。在麦棉套种地区,深施磷、钾肥在技术上不容易操作,可将磷、钾肥作基肥,在种麦耕地时一次性深施入土。

(2)**苗肥**　棉花苗期时的气温较低,土壤养分释放慢,而又正值棉花营养临界期,施用苗肥可促进棉株早生快发。但若基肥施用量较充足,棉苗生长健壮,可不施苗肥。麦棉套种条件下,由于棉花在麦棉共生期受小麦的影响,长势较弱,所以小麦收获后及时追施苗肥是促进棉苗早发的关键。对于露地栽培的特早熟棉,不论何种苗情,前期均应以促生长为主,故一般也要施用苗肥。苗肥一般采用速效性氮肥,根据情况也可施用适量的磷、钾肥。苗肥用量一般不宜多,每公顷苗肥施用量折合纯氮为15~20千克。麦套夏棉的苗肥用量需适当增加,因为夏棉生育期短,苗期管理应以促生长为主。苗肥的施用方法一般是开沟条施或穴施。

(3)**蕾肥**　棉花在蕾期应搭好丰产架子,以利于蕾多早开花。蕾期的棉株生长明显加快,对养分的需求量增多,此期营养生长与生殖生长并进,但仍以营养生长为主,因此施肥时应把握一个"稳"字,以求得两者相协调。蕾期若养分供给不足,则植株生长缓慢,叶小而黄,果枝少,现蕾少,后期也易脱肥;若养分供应过多,则氮代谢过旺,易引起棉株徒长,封行过早,田间通风透光不足,蕾铃脱落严重。应根据气候、土壤条件及植株长势合理施用蕾肥:地力差的宜早施多施,地力好的宜迟施少施,高产棉田蕾期也可不施肥;旱天宜早施,雨天宜迟施;弱苗宜早施,旺苗宜迟施或不施,壮苗以盛蕾时施肥为好。

实践表明,蕾肥要避免肥多、水多、棉株自然长势旺的"三碰头"情况。由于地膜覆盖的效应,显著改善了地膜棉花前期生育的环境条件,使土温上升快,棉花发芽势强,出苗快,棉苗生长势强,容易旺苗早发,蕾期若控制不好,极易旺长,因此应特别注意控制蕾肥的用量。而对于稳长型或瘦弱型的特早熟棉,在蕾期以前应多次施肥,除施用苗肥外,一般要在蕾期施用氮肥。蕾期肥料主要为速效性氮肥,也可配合腐熟有机肥料或磷、钾肥施用,其中氮肥用量占总氮量的 20%～30%,合纯氮 30～40 千克/公顷,磷、钾肥应酌量施用。

(4)**花铃肥** 花铃期棉株由营养生长为主转为以生殖生长为主,碳氮代谢两旺,生长最旺盛,需肥最多,因此生产上一般要重施花铃肥,以争取桃大、桃多、不早衰。花铃肥以速效氮肥为主,一般在植株下部结 1～2 个大铃时施入,此时植株体内营养物质的主要流向已从营养器官转向棉铃,施肥不会引起生长过旺。高产棉田由于花铃期需肥量大,可在初花与盛花期分 2 次施入花铃肥。不论施几次肥,最后一次花铃肥不能迟于 7 月底施用,否则会引起棉株贪青晚熟。花铃肥的施用时间和施肥量还应根据具体情况灵活掌握:对于土壤肥力差、棉苗长势差、前期施肥少的棉田,花铃肥应早施、多施;而对于土壤肥力好、棉苗长势旺、前期施肥足的棉田,花铃肥应迟施、少施;地膜覆盖的棉花由于后期易早衰,因此花铃肥相比露地棉应早施、多施。棉花花铃肥的施用量一般占总氮肥量的 30%～60%,其施用方法以土壤条施为宜,或结合降雨、灌水施用。

(5)**盖顶肥** 盖顶肥是为防止后期早衰而施入的肥料。对于中上等肥力的棉田,棉株中下部坐桃多、吐絮期有早衰迹象的棉田,前期旺长、中下部棉桃脱落严重、后期出现早衰的棉田,以及盛花肥不足的棉田,均须在盛花后追施少量的氮肥,以防早衰,争取秋桃盖顶。盖顶肥的施用量不宜过大,一般占总肥量的 10%～15%。盖顶肥的施用时期在北方棉区不宜晚于 8 月 10 日,在南方棉区不宜晚于 8 月 15 日,以防贪青晚熟。由于棉花生育后期的根系的吸肥能力减弱,也可采用叶面追肥措施。为防止早衰,可喷施1%～2%尿素溶液,如果植株长势旺,可喷施1%磷酸二氢钾。

3.地膜棉的营养特点和施肥要点

(1)地膜棉的营养特点　地膜覆盖引起了一系列的环境条件变化,促进了棉苗的生长发育、干物质的积累以及养分吸收量的增加。棉花在各生育阶段吸收氮、磷、钾的数量是不相同的。棉花在各生育期吸收的氮量占总吸收量的比例分别为苗期3.2%、蕾期12.5%、花铃期63.1%、成熟吐絮期21.2%。氮素吸收量的变化趋势与露地棉相似,但各期的吸收量均比露地棉多。各生育期增加的氮素绝对量占总增加量的比例以花铃期为最多,蕾期次之,吐絮期又次之,苗期为最少。因此,若在实践中增加氮肥用量,应重点在花铃期施用。棉花各生育期的吸磷量占总吸收量的比例分别为苗期2.6%、蕾期21.1%、花铃期52.7%、成熟吐絮期23.6%。地膜棉与露地棉相比,除吐絮期外,其他各期的吸磷量均有增加。就绝对量而言,蕾期的吸磷量增加的最多,其次为花铃期,苗期最少。因此,增加磷肥施用量应以蕾期和花期为重点。同样,棉花各生育期的吸钾量占总吸收量的比例分别为苗期5.4%、蕾期22.6%、花铃期68.4%、成熟吐絮期3.7%。就吸钾量增加的绝对量来说,花铃期最多,蕾期次之。吸收氮磷钾的比例为1：0.39：0.78,与露地棉的1：0.39：0.91相比,钾素比重稍有下降。

(2)地膜棉的施肥要点　适当增加地膜棉的施肥量,一般增加20%左右。氮磷钾的用量可同步增加,但钾的比重略低。其中,有机肥应占总施肥量的40%左右。增加的肥料中,大部分氮肥应作为花铃肥施用,少部分作为基肥施用。基肥中宜增加磷、钾肥的比重。

根据地膜棉生长较迅速等特点,要巧施肥。例如,对于南方棉区中等肥力的棉田,宜采取"足、控、重"的施肥技术。"足"即基肥足,其用量包括苗肥在内,应占总用量的20%～25%,以饼肥或绿肥等有机肥料为主,配合施用磷、钾肥及少量氮肥。"控"是指在蕾期控制氮肥的施用量。蕾期时正值多雨的黄梅季节,土壤中养分释放较快,有效养分数量较多。同时,蕾期的棉株生长也较迅速,控制氮肥用量,可防止棉苗因旺长而过早封行。"重"即重施花铃肥,防止早衰。地膜棉容易出现早衰现象,尤其是在施肥水平较低的条件下,在生产上应注意这一特点。

适当提高花铃肥中的氮肥,在肥力中等偏上的土壤上,如对钱江九号而言,每亩以施用 37.5 千克硫酸铵为宜。花铃肥的施用期比露地棉可适当提早,一般在棉株坐住 1～2 个大铃开始到盛花期之间,大约 20 天,宜分 2～3 次追施,先轻后重。对于长势弱的棉株,可于 8 月中下旬在根外喷施尿素,以防后期发生缺肥早衰现象。

六、烟草施肥技术

(一)安徽省烟草种植概况

烟草是我国的主要经济作物之一。调制后的烟叶可以制成卷烟、旱烟、水烟、鼻烟、嚼烟、雪茄烟等多种制品。据不完全统计,2009年安徽省烟叶种植面积约为 14.54 万亩,产量约为 2000 万千克。安徽省烟草种植历史悠久,烤烟种植时间早,区域遍及全省各地。

(二)烟草营养需求

烟草是育苗移栽的作物,其需肥期分为育苗(苗床)期和大田栽培期 2 个阶段。

1.育苗期需肥特点

烟草的育苗期是指从播种到 10 片真叶出现这段时间,大约有 60天。由于烟草的种子很小,自身贮存的养分少,而幼苗本身又很弱,耐肥能力也很差,因此育苗阶段的需肥特点是需肥量少但很迫切。

2.大田期需肥特点

幼苗移栽到大田之后大约120天内为烟草的大田期。此期又分为缓苗期、团棵期、旺长期和成熟采摘期。

(1)缓苗期 烟苗移栽后30天左右内属于缓苗期,此期内根系需要重新生长以适应环境,植株生长发育比较慢,靠消耗烟苗内携带的养分为主,吸氮量只占整个大田期总吸氮量的7%左右。

(2)团棵期 烟株移栽后第30天到第45天这半个月内,是起身阶段。随着根系的不断发育,烟苗逐渐靠吸收土壤中的养分来满足需要,地上部分也快速生长,进入团棵期。此期烟苗吸收的养分逐渐增加,以满足不断生长的要求。吸收的氮、钾量约占吸收总量的20%,磷量占15%左右,吸收速率也比前一个阶段有所提高。

(3)旺长期 烟苗移栽后第45天到第75天这1个月之间是旺长期。随着生长的不断加快,烟草进入养分需求的最大时期。旺长期吸收的氮、钾量约占吸收总量的60%,磷量占50%左右,此期的吸收速率是全生育期中最高的,旺长期也是烟草的需肥高峰期。

(4)成熟采摘期 旺长期之后还有40天左右,随着打顶或现蕾开花,烟草进入成熟采摘期。此期烟草还需要继续吸收部分养分用于有关器官的形成,但根系逐渐老化,吸收能力有所降低,此期吸收的养分占总吸收量的20%~25%。在成熟采摘期,不同营养元素的吸收量存在明显差异。烟株对氮、钾养分的吸收量明显下降,吸收量仅占吸收总量的10%左右,而对磷的吸收量仍然较多,可达到吸收总量的25%左右,仅次于旺长期,这说明烟株后期落黄阶段对磷仍有较高的需求。满足烟草生育后期磷的供应对提高烟草品质尤为重要。

3.营养元素对烟草产量和品质的影响

(1)氮 氮肥能促进烟株生长,增大叶片面积,提高光合强度,增加干物质积累。氮素是决定烟草产量和品质的重要因素。适当施用氮肥,可使叶片厚度适中,品质提高;若氮不足,则植株矮小,生长迟缓,茎细长而叶片瘦小,色泽淡,产量低,品质差;若氮过多,则成熟迟,植株高大,叶片肥厚,筋脉粗,烘烤后叶片有青色或红褐色等杂色,烟味辛辣,品质降低。氮肥的种类对烟叶的品质也有影响:硝态氮能提高烟叶含糖量,降低氮化物和烟碱含量,抽吸时香味浓,气味平和,杂色少,刺激性小,劲头适中;施用铵态氮的烟草含糖量少,氮化物多,抽吸时香气少,杂气重,刺激性和劲头较大。

(2)磷 适当施用磷肥,可使植株迅速生长,提早收获,烟草烤后色泽好,油分足,组织紧密;缺磷时,植株生长缓慢,叶形狭长,色泽暗淡,烤后色暗无光泽;磷过多而氮不足时,植株叶脉突出,质地粗糙,油分少,易破碎。

(3)钾 钾对烟草品质的影响很大。适当施用钾肥,可使叶片生长旺盛,抗病力增强,碳水化合物积累增多,烤后烟叶色泽鲜亮,燃烧性强,烟灰呈白色。缺钾时,叶尖和叶缘首先产生暗铜色斑点,以后变成褐色死斑,叶尖和叶缘向叶背方向卷曲而破碎。

(4)氯 氯对烟草的生长不是必需的,但是烟草能从土壤中吸收大量的氯。当烟叶中含氯量在 1% 以下时,能增加烟叶的水分,使叶片薄而大,抗旱力增强。当烟叶中含氯量超过 1.5% 时,则燃烧力降低;当烟叶中含氯量超过 2% 时,则发生严重的黑色熄火现象,同时烟叶的吸湿性加强,在贮藏过程中容易霉变。因此,含氯肥料如氯化铵、氯化钾等不能施用于烟草,甚至在种烟地区也不要施用含氯化肥。

(三)烟草施肥技术

1.苗床施肥

烟草的育秧时间短,生长快,苗齐苗壮,因而施肥的特点是基肥要充足,以腐熟农家肥料为好。农家肥可使床土疏松,提高床温,保持适当水分。在 33 米^2 的畦面上,一般用优质腐熟圈肥 200～300 千克,配施过磷酸钙 0.5～1 千克。苗床肥要细碎,撒施要均匀,与土壤充分掺混,以免烧苗。同时肥料要干净,不能含烟叶碎屑及茄科作物的残余物。

苗期追肥一般用液体肥料,氮、磷、钾肥要配合施用,先少后多,由淡到浓。烟苗比较幼嫩,若养分浓度过高,尤其是氮素浓度过高,往往会抑制幼苗的生长。追肥后要随即用清水冲洗叶片上的肥料。一般在 33 米^2 畦面上,使用硫酸铵 100 克、过磷酸钙 100 克、硫酸钾 50 克,于施肥前一天兑水溶解,取清液喷施。第一次追肥在烟草十字期进行,以后视苗情而定,第二次施肥量可加倍。若第一次没有施用硫酸钾,也可用 10 倍量的草木灰代替;还可用鸡粪代替化肥,提前 7～10 天兑水浸泡,一般 0.5 千克鸡粪兑水 5 千克,将浸出液再稀释 2～3 倍,每 0.5 千克稀释液可喷洒 0.3 米^2。

2.大田施肥

烟草施肥以农家肥料为主,以化肥为辅,重施基肥,早施追肥,后期进行根外补肥,宜看天、看地、看烟科学地施肥。

(1)施用肥料的种类 农家肥可用堆肥、厩肥、清粪水等;饼肥常用豆饼、菜籽饼等;化肥则用硫酸铵、硝酸铵、尿素、过磷酸钙、硫酸钾等,也可用氮磷钾三元复合肥。

(2)施肥量 施肥量要根据烟叶的产量和品质指标、土壤肥力、品种习性、水利和气候等因素,全面考虑,灵活掌握,以氮为主,配合磷钾,在一般肥力土壤上要求烤烟品质达到中上等以上,对于亩产烟叶100～150 千克的田地,需施纯氮 7.5 千克左右;对于亩产 200～250 千克的田地,需施纯氮 10～12.5 千克。其中农家肥料用量按氮量计算,应占施肥总氮量的 70% 以上,施用单一化肥不宜超过总氮量的 25%。在氮肥施用量确定后,可根据比例确定磷、钾肥的施用量。北方烟草区氮、磷、钾比例以 1:1:1 为宜。北方烟区雨量少,一般基肥占总施肥量的 70%～80%。

(3)施肥方法 厩肥、堆肥、过磷酸钙、钙镁磷肥宜作基肥，三元复合肥、硫酸钾、草木灰、饼肥等作基肥、追肥都可以，一般是一半作基肥，一半作追肥。硫酸铵等氮肥宜作追肥，可以少量作基肥。农家肥料宜在移栽前撒施或沟施。

追肥时间宜早。一般追肥 1～2 次，追肥以清粪水、菜籽饼为主，于栽后 30 天内施完。追肥施在两株之间或一株旁 10～15 厘米处，刨坑或开沟，深 6～9 厘米，施肥后覆土。

后期根外追肥能提高烟叶的产量和品质，可增产 10%左右，使烟叶色泽鲜亮，有膘性，品质显著提高。在现蕾前 10 天开始喷施，隔 10 天喷 1 次，共 2～3 次，每次每亩施过磷酸钙 1.5 千克、硫酸钾 1 千克，兑水 75 千克，于傍晚对叶面喷施，以叶面湿润为度。

(4)权烟施肥 培育权烟也是重要的增产措施。护留顶权时一般不施肥，留底权培育二茬烟时则需追肥。一般亩产 50～100 千克的田地，需追施三元复合化肥 10～15 千克；亩产 150～200 千克的田地，需追施三元复合化肥 20～25 千克。追肥一般在环削后留底权时施用，最迟也要在割老秆时施用。施肥方法一般是刨坑穴施，看墒情酌量浇水。

3.烟草施肥技术要点

(1)基肥 一般将全部的农家肥、磷肥、钾肥和 60%左右的氮肥作为基肥一次施入。

(2)追肥 约 40%的氮肥作追肥施用，追肥可分 2 次施用。对烤烟、晒黄烟和白烟来说，施肥时间不应晚于栽后 30 天；而晒红烟和雪茄烟的追肥可晚至开顶时施用。烟草施肥常用穴施、开沟条施和兑水淋施。不论是分散还是集中施用，施肥深度均应在 5～20 厘米土层内，过深、过浅都不利于烟株根系吸收。

对烟草同时施用铵态氮和硝态氮的效果较好，不易出现早期氮素不足、后期氮素过剩的情况,符合烟草"少时富,老来穷"的需肥规律,有利于烟草正常落黄,容易烘烤,燃烧性好。烟草对氮很敏感,当叶片含氮超过 1.5% 时,会造成叶片燃烧不良,严重时出现熄火。所以应少用含氮较多的肥料或复混肥料。烟草吸收的钙量仅次于钾,也容易出现锌营养不足的现象,因此要及时补充土壤中的钙、锌。

第三章

果树作物施肥技术

一、葡萄施肥技术

(一)安徽省葡萄种植概况

葡萄是世界上重要的果树树种,具有 5000～7000 年的栽培历史。葡萄鲜果除可用于鲜食外,还是酿酒、制干、榨汁和制罐头的重要原料。欧亚种葡萄(又称为"欧洲葡萄")是葡萄属植物中最具经济价值的一个种,80％以上的葡萄品种和 90％以上的葡萄产品来自于这个种。

我国的葡萄生产栽培面积和产量持续增加,特别是从 1997 年以来,我国葡萄生产迅速发展。1993—2003 年,全国葡萄产量平均年增长 38.2 万吨,年增长率为 12.5％。从我国的落叶果树树种结构来看,我国葡萄栽培面积排在苹果、梨、桃之后,位居第四位。

安徽省萧县葡萄已有 1000 多年的栽培历史,在明嘉靖十九年(1540 年)所编《萧县志·物产篇》中就有记载。安徽省萧县是全国四大葡萄生产基地之一,素有"葡萄之乡"的美誉。

萧县是全国重要的葡萄生产基地。全县共有葡萄种植面积近 7 万亩。该县制定了葡萄生产标准,以白土镇万亩葡萄基地、黄河故道园艺场、县园艺总场为试点,从葡萄的栽培、剪枝、施肥、喷药到成熟采摘、运输等环节,严格做到依标管理、依标生产,使园区葡萄完全达到标准化农业生产要求。

萧县葡萄品种繁多,有100多个品种,其中以"玫瑰香"葡萄为最佳。该葡萄果实圆满,紫里透红,宛如珊瑚玛瑙,并有穗大、粒饱、肉肥、汁多、甘甜、透明、清香、食后生津等优点。其次,"白羽"葡萄亦别具风味,它犹如水晶白玉,晶莹透明,果粒严实,皮薄汁多,酸甜可口,香郁爽口。此外,还有"金皇后"、"龙眼"、"黑罕"、"佳利酿"、"北醇"等品种,也颇受人们欢迎。

合肥市大圩镇的葡萄种植面积已达6500多亩,可年产各种无公害葡萄9000多吨,有"巨峰"、"京亚"、"夏黑"、"红地球"、"白玫瑰"、"美人指"、"青提"、"红提"等20多个品种。

(二)葡萄营养需求

葡萄与其他果树相比,对养分的需求既有共同之处,如都需要氮、磷、钾、钙、镁、硼等多种营养元素,也有其自身的特点。

葡萄具有很好的早期丰产性能,若土壤较肥沃,一般在定植的第二年即可开花结果,第三年即可进入丰产期。由于葡萄为深根性植物,没有主根,而有大量的侧根,为使葡萄较早地进入丰产期,促进葡萄形成较发达的根系是早期施肥的关键。调查结果表明,种植葡萄前进行深翻施肥改土、提高中深土层中养分的含量是施肥的关键。

研究表明,每生产100千克果实,葡萄树需要从土壤中吸收0.3~0.6千克氮素、0.1~0.3千克五氧化二磷、0.3~0.65千克氧化钾。

葡萄的产量高,需肥量大。在年生长周期中,葡萄浆果生长之前是萌芽、新梢生长与开花坐果时期,此期内植株对氮的需要量较大,在果粒膨大至果实采收期,氮、磷、钾的吸收量达到了高峰,其中磷、钾吸收量较大。葡萄在开花、授粉、坐果以及果实膨大期,对磷、钾的需要量很大,此时若供肥不足,会对葡萄产量产生不利影响。偏施氮肥易使果实着色差，含糖量低，成熟延迟，而且不利于新梢成熟。葡萄对微量元素硼的需要量也较多。

(三)葡萄施肥技术

多施有机肥，培肥改良土壤，改善葡萄树生长的土壤条件，可为葡萄的持续优质高产打好基础。

1.氮肥的施用

氮是葡萄需要量较多的营养元素之一。氮肥对葡萄树的生长和发育均有很大的影响。在一定范围内适当多施氮肥，可以增加葡萄树的枝叶数量、增强葡萄的树势、协调树体的营养生长和生殖生长、促进副梢萌发、提高产量等。但若施用氮肥过量，则会引起枝梢徒长，导致大量落果，造成产量降低，而且易引起新生枝条和根系的木质化程度降低，影响葡萄的越冬能力。

由于养分的流失和土壤的固定，有一部分肥料不能被根系吸收利用。因此，生产中一般每亩的年氮肥施用量为 12～18 千克。肥料应以基肥为主，基肥占全年施肥量的 40%～60%。最好在采果后立即施入基肥，此时根系的第二生长高峰还没有结束，叶片尚未脱落，施入基肥后即有一部分肥料被根系吸收，参与代谢、制造合成大量的有机营养，增加树体的营养贮藏量，恢复树势，促进花芽的分化。施用追肥一般在萌芽前、开花前、开花后、浆果着色初期等 4 个时期进行。

①在萌芽前追施氮肥主要是针对没有施用基肥的葡萄树，此时追肥能起到促进枝叶和花穗发育、扩大叶面积的作用。

②对于花穗较多的葡萄树，在开花前追施氮肥并配施一定量的磷肥和钾肥，有增大果穗、减少落花的作用。氮肥用量为年施用量的 1/5 左右。

③葡萄开花后，当果实长到绿豆粒大小的时候，追施氮肥有促进果实发育和协调枝叶生长的作用。施用量根据长势而定，长势较好

时,施用量宜少;长势较差时,施用量宜多。氮肥用量一般为年施用量的 $1/10 \sim 1/5$。

④在果实着色的初期,可适当追施少量的氮肥和磷、钾肥,以促进浆果的迅速增大和含糖量的提高,改善果实的色泽和内外品质。所施肥料以磷、钾肥为主,氮肥用量约为年施用量的 $1/10$。

2.磷、钾肥的施用

葡萄树对磷的需要量较少。由于存在土壤固定等因素,葡萄树对磷肥的利用率较低,在实际施肥时需要多施磷肥,一般丰产葡萄园的年施用磷肥量为每亩 $10 \sim 15$ 千克五氧化二磷,相当于含磷量 14% 的过磷酸钙 $70 \sim 110$ 千克。磷肥主要用作基肥,作基肥的磷肥一般占年施用量的 $60\% \sim 70\%$。磷肥应在果实采摘后尽早施入,因为此时葡萄根系的第二个生长高峰尚未结束,施入的磷肥被葡萄吸收后,可参与代谢、合成大量的有机营养,增加树体的营养贮藏量,既可恢复树势、促进花芽的分化,又可提高葡萄的抗冻能力。其余的磷肥作追肥施用,一般在开花前期、幼果开始生长期、浆果着色初期配合氮、钾肥追施,其中浆果着色初期追施的磷肥量应占年施用磷肥量的 $1/5$ 左右,其他两期的施磷量占 $1/10$ 左右。

葡萄对钾的需要量较高。充足的钾肥供应可提高葡萄的含糖量,促进浆果的着色。一般丰产葡萄园年施用钾肥量为每亩 $15 \sim 22$ 千克氧化钾,相当于含钾量 50% 的硫酸钾 $30 \sim 44$ 千克。作基肥的钾肥占年施用量的 $1/3$ 左右。钾肥主要作追肥施用,追肥主要在浆果着色初期进行,占年施用量的 $1/3$ 左右,其他两个时期的追肥施用量约各占 $1/6$。施用钾肥时应注意配合氮、磷肥施用。

3.硼、锌等肥料的施用

硼肥可提高葡萄的坐果率,改善葡萄的营养状况,提高葡萄的产量。对于缺硼土壤,可在秋季施用基肥时,每亩果园施用 $0.5 \sim 1.0$

千克硼砂,也可在开花前喷施 0.05%～0.1%硼砂水溶液。

葡萄缺锌时,叶片变小,新梢节间变短,果穗形成大量的无核小果,产量显著下降。防止葡萄缺锌的方法:用 10%硫酸锌溶液在冬剪后随即涂抹剪口,也可用 0.2%～0.3%硫酸锌溶液在开花前 2～3 周和开花后的 3～5 周各喷施 1 次。对于已出现缺锌症状的葡萄,应立即用 0.2%～0.3%硫酸锌溶液喷施,一般需喷施 2～3 次,每次间隔1～2 周。

在石灰性土壤上或含有效铁较少的其他土壤上,葡萄也易发生缺铁性叶片黄化现象。黄化现象的发生不仅影响葡萄的长势,也影响葡萄的产量和品质。由于硫酸亚铁施入土壤后很快就转化成了果树不能吸收的形态,因此单独施用硫酸亚铁的效果较差,最好的方法是施用铁的螯合物,以 Fe-EDDHA 的效果较好,但其价格较高。比较有效的方法是:将硫酸亚铁与饼肥(豆饼、花生饼、棉籽饼)和硫酸铵按 1∶4∶1 的质量比混合,集中施于葡萄毛细根较多的土层中,在春季葡萄发芽前施入的效果较好。也可在葡萄的生长过程中喷施0.3%硫酸亚铁溶液与 0.5%尿素溶液,但肥料的有效期较短,需要间隔1～2 周喷施 1 次。

4.葡萄施肥技术要点

对葡萄施用基肥最好在果实采摘后立即进行,若没有及时施入,也可在葡萄的休眠期进行。基肥以有机肥和磷、钾肥为主,可根据树势配施一定量的氮肥(树势过旺的不施氮肥,树势较弱的应适当多施氮肥)。施用基肥时多沿葡萄树行在一边开沟施入,注意肥料不可离树过近,以免伤根过重,影响葡萄的长势。

葡萄需要的氮、钾肥较多,因此在葡萄的生长过程中需及时补充。在用氮、钾肥作追肥时,一般是开浅沟施入,施肥的时间为芽膨大期、开花前期、开花后果实发育到豆粒大小的时期、葡萄浆果着色初期。

二、梨树施肥技术

(一)安徽省梨树种植概况

梨树是我国的主要果树之一。我国梨树栽培面积、梨产量均居世界第一位。在我国各种果树中,梨树栽培面积、梨产量次于苹果、柑橘,居第三位。梨原产于我国,栽培历史悠久,一两千年以前在我国已有大面积栽培。

安徽省有名的梨品种是砀山酥梨。明万历年间修编的《徐州府志》已有"砀山产梨"的记载,可见 400 年前砀山酥梨已形成规模。如今砀山梨种植面积猛增到 75 万亩,占全县耕地面积的 77%。其中酥梨种植面积约为 50 万亩,连片面积之大堪称世界之最。酥梨年产量为 75 万吨左右,鲜果贮藏量约为 15 万吨。

砀山酥梨果大核小,黄亮美观,皮薄多汁,酥脆甘甜,兼有止渴生津、祛热消暑、化痰润肺、止咳平喘、通便利尿的功效。砀山是以酥梨生产为龙头、多种水果并存的综合水果大县,其中县园艺场的"砀园"牌酥梨,果园场的"翡翠"牌酥梨,县果科所的无公害套袋酥梨,西南门镇的口子贡梨,良梨镇的"皇考梨",唐寨镇、李庄镇的高产、优质的高档品种酥梨,以及县市力集园艺场的"仙园牌"酥梨等,都驰名九州,誉满天下。

(二)梨树营养需求

梨树是多年生木本植物,具有木本植物的营养共性,也有自身的营养特性。

1.树体具有贮藏营养的特性

梨树树体内前一年营养的贮藏量直接影响梨树树体当年的营养状况,不仅影响其萌芽开花的整齐一致性,而且影响坐果率及果实的生长发育。同样,当年营养物质的贮藏量又直接影响梨树下一年的生长和开花结果。若管理不当,极易形成大小年。

梨树氮素营养研究结果表明,梨树树冠新生器官中氮素含量增长最快的时期是春季萌芽后的最初几周,这一时期也是花和新梢的旺盛生长期。此期的氮素供应主要来自于树体内的贮藏营养。梨树在落叶前,将叶片中的蛋白质贮存起来,成为来年梨树初期开花及新梢生长的养分来源。因此,芽萌发后的最初几周内,梨树营养生长的好坏主要取决于梨树树体内氮等营养元素的贮藏状况。秋季,在梨树采收之后及时供给氮、磷、钾等营养,有助于促进来年梨树的开花结果和生长发育。

2.对养分需求的特性

不同树龄梨树的需肥规律不同。幼树以长树、扩大树冠、搭好骨架为主,以后逐步过渡到以结果为主。幼树需要的主要养分是氮和磷,特别是磷,该元素对植物根系的生长发育具有促进作用。形成良好的根系结构是梨树树冠结构良好、健壮生长的前提。成年梨树对营养的需求主要是氮和钾,果实的采收会带走大量的氮、钾、磷等营养元素,若不能及时补充,将会严重影响梨树来年的生长及产量。

梨树的结果部位与品种有一定关系,多数品种以短果枝结果为主,也有一些品种以腋花芽结果为主。以长枝结果为主的品种,进入成年后由于生长势减弱,会逐步转为完全以短枝结果。因此在梨树的生长过程中,随着树龄的增加,结果部位会不断变化,梨树对养分需求的数量和比例也随之发生变化。

梨树的花芽是在上一年的6月份开始进行分化的,开花和果实的发育则在当年内完成,整个过程需要2年的时间。因此在营养方面,需要保持梨树营养生长和生殖生长的平衡以及营养生长和果实发育的平衡。

（三）梨树施肥技术

1.多施有机肥，培肥改良土壤

有机肥不仅含有梨树生长所需要的各种营养元素，而且可以改良土壤的结构，增加土壤的养分缓释能力和保水能力，改善土壤的通气状况，降低土壤根系的生长阻力，有利于梨树的生长发育。

2.氮肥的施用

氮是梨树需要量较大的营养元素之一，每生产 100 千克果实，需要吸收 0.4～0.6 千克的氮素。氮肥的施用对梨树的生长和发育均有很大的影响。在一定范围内适当多施氮肥，可以增加梨树的枝叶数量、增强树势和提高产量。但若施用氮肥过多，则会引起枝梢徒长，不仅引起坐果率下降、产量降低，而且使品质及耐储性变差，容易引起梨树的营养失调，诱发缺钙等生理病害的发生。如鸭梨的梨果黑心病就与梨树的氮钙比例高、钙的含量偏低有关。

在氮、磷、钾三要素中，梨树的幼树需要的氮相对较多，其次是钾，吸收的磷较少，约为氮量的 1/5。结果后的梨树吸收氮、钾的比例与幼树基本相似，但磷的吸收量有所增加，约为氮量的 1/3。在梨树的幼树期，一般根据树体的大小施用氮肥，氮肥的施用量为每年每亩施纯氮 5～10 千克，进入结果期后逐步增加至 15～20 千克，个别需肥较多的品种可增加至 25 千克。

梨树对氮素的吸收量在新梢生长期及幼果膨大期最多，其次为果实的第二个膨大期，果实采摘后梨树对氮素的吸收相对较少。因此，氮肥的施用主要有 3 个时期：第一个施肥期是萌芽后至开花前，此时追施一定量的氮肥可提高坐果率，促进枝叶的生长，有助于维持营养生长和生殖生长平衡。特别应对幼树和树势较弱的结果树追施氮肥，以防止梨树营养生长过旺，影响挂果。第二个施肥期是新梢生长旺期后至果实的第二个膨大期前,此时适当追施氮肥并配合施用磷、钾肥,有助于提高产量、改善品质,但不要追施过早,以防止梨树营养生长过旺,影响梨果的糖分含量及品质。此期的氮肥施用量约为全年氮肥施用量的1/5。第三个施肥期是梨果采收前,此时及时追肥可为来年春天的萌芽和开花结果做好准备。一般此期的氮肥施用量约为全年氮肥施用量的1/5。对于树势较弱和结果较多的梨树,若采收后不能及时追施基肥,可适当再施用一定量的氮肥,并配施磷、钾肥,以恢复树势,缓解树体的养分亏缺,为来年梨树的生长发育做好准备。

3.适量施用磷、钾肥

磷和钾也是梨树需要量较大的营养元素,每生产 100 千克果实,需要吸收 0.1~0.25 千克五氧化二磷和 0.4~0.6 千克氧化钾。试验表明,配施磷、钾肥与单施氮肥相比,可提高产量50%~85%。施用磷、钾肥不仅能提高梨树的产量,还能促进根系的生长发育,增加叶片中的光合产物向茎、根、果等部位协同运输。同时磷肥具有十分显著的诱根作用,将磷肥适度深施可促进根系向土壤深层生长,能显著提高果树的抗旱能力,减少病害的发生。研究表明,梨树的幼树和成树对磷、钾肥的需要量不同,一般幼树需磷较少,需钾量与需氮量相近,但对幼树适当多施用一些磷肥可明显促进果树的生长,其适宜的氮、磷、钾比例为1∶0.5∶1或1∶1∶1。进入结果期之后,需适当增加氮、钾肥的比例,其适宜的氮、磷、钾比例为2∶1∶3或1∶0.5∶1。但在具体应用时,还需要考虑土壤的性质,如西北黄土高原区以及山东、河北、河南等黄河冲积主产区内,土壤中的钙含量较多,而磷含量低一些。因此在实际应用时,磷肥和钾肥主要作为秋季果实采收后的基肥(或秋季追肥)施用,施用量应占总施肥量的一半以上,其余部分可作为梨树的两个果实快速膨大期的促果肥及果实采收前的营养补充肥。

与苹果树不同的是，当土壤中有效磷、有效钾的含量较高时，增施磷、钾肥对梨树往往没有肥效，只有让氮肥与磷、钾肥配合施用才能取得较好效果。

4.合理施用硼、锌、铁等微量元素肥料

施用硼肥能显著降低梨树缩果病的发生率，提高坐果率，减少果肉中木栓化区域的形成。对于潜在缺硼和轻度缺硼的梨树，可于盛花期喷施一次 0.3%～0.4%硼砂水溶液。对于严重缺硼的土壤，可于萌动前对每株果树施用 100～250 克硼砂，有效期为 3～5 年。若在盛花期喷施一次 0.3%～0.4%硼砂水溶液，则效果更好。

施用锌肥对防治梨树的叶斑病和小叶病效果十分显著，一般病枝恢复率达 90%以上，可提高梨树的坐果率，增加梨果产量，且能够提高叶片中氮、磷、钙等的含量水平。较为有效的施锌方法是：用 0.2%硫酸锌与 0.3%～0.5%尿素混合液于发病后及时喷施，也可在春季梨树落花后 3 周时喷施，或在发芽前用 6%～8%硫酸锌水溶液喷施，都能起到一定的预防作用。对土壤施用硫酸锌的效果较差，施用螯合态锌肥的效果较好，但成本较高，一般较为经济有效的防治方法是喷施锌肥。大量施用有机肥在一定程度上可起到减少缺锌症的作用。

对于梨树的缺铁失绿黄化，目前还没有十分有效的防治方法。常用的方法中效果较好的有"局部富铁法"，即将硫酸亚铁与饼肥（豆饼、花生饼或棉籽饼）和硫酸铵按 1∶4∶1 的质量比混合，在果树萌芽前集中施入细根较多的土层中，根据果树的大小和黄化的程度确定施肥量，一般每株果树的施肥量为 3～10 千克。对叶面直接喷施硫酸亚铁的效果一般较差。通常应用黄腐酸铁与尿素的混合液喷施，喷施的浓度为硫酸亚铁 0.3%、尿素 0.5%，在果树生长旺季每周喷施一次。对于有条件的地方，也可使用强力树干注射机对梨树的木质部注射硫酸亚铁溶液，其施肥效果较好，施用量很少，但该方法

仅适合于成年果树,注射的剂量范围较狭窄,施用不当容易影响梨树的正常生长。

5.梨树的施肥时间和方法

对梨树施肥应以基肥为主。最好的基肥施用时间为秋季,对于早熟品种可在果实采收后进行施肥。由于秋季是梨树根系的第二个快速生长高峰期,施肥有利于促进断根伤口的愈合,并且具有一定的根系修剪作用,能促进新根的萌发,有利于养分的吸收和积累。有机肥和需要作为基肥施用的氮、磷、钾肥最好及时施用,以利于梨树的养分积累和及时调节补充营养。追肥的施用时间因树势而有一定的差异,一般在萌芽前、花期、果实膨大期进行追肥。

具体的施肥方法根据梨树的大小而定。梨树树体较小时一般采用轮状施肥法,施的位置以树冠的外围 0.5~2.5 米为宜,开 20~40 厘米宽、20~30 厘米深的沟,将肥料与土壤混合后施入沟内,再将沟填平。对成年梨树最好采用全园施肥法,结合中耕将肥料翻入土中。由于梨树的根系主要集中在土层的 20~60 厘米范围内,且根系的生长有明显的趋肥性,对于有机肥和磷、钾肥,最好施入 20~40 厘米深的土壤深层,以增加根系分布的深度和广度,增强梨树的吸收能力,提高梨树的抗旱能力和树体固地性。

三、桃树施肥技术

(一)安徽省桃树种植概况

桃树属于蔷薇科、桃属植物。我国桃树约有 800 个品种,用于生产栽培的品种有 30 个左右。桃树为中型乔木,树体不大,栽培管理容易,对土壤、气候的适应性强,无论是在南方或北方,还是在山地或平原,均可选择适宜的砧木、品种进行栽培。

安徽省砀山县西南门镇,地处黄河故道两岸,拥有独特的土壤、气候条件,非常适合黄桃树种植,被誉为"中国黄桃第一镇",现有黄桃种植面积约 5 万亩,辐射带动周边乡镇发展达 10 万亩。年产黄桃15 万～20 万吨,品种有"八三"、"连黄"、"凤黄"、"金童 5 号"、"一九"。所产黄桃品质超群、肉质纯、硬度高、果肉金黄、无红色素,做出的罐头不浑汤、酸甜适中,畅销海内外。

(二)桃树营养需求

桃树是最喜光的小乔木之一,结果早、衰退快、寿命短。一般 2～3 年树龄的桃树可结果,5～15 年树龄为盛果期。

1.树体具有贮藏营养的特性

桃树的花芽分化和开花结果是在 2 年内完成的。桃树的树体具有贮藏营养的特点,前一年营养状况的高低不仅影响当年的果实产量,而且对来年的开花结果有直接的影响。研究表明,早春桃树萌动的最初几周内,主要利用树体内的贮藏营养。因此,前一年秋天的桃树体内吸收积累的养分多少,对花芽的分化和第二年的开花影响很大,进而影响桃树的产量。在桃树的施肥调控方面,要有全局的观念,在桃子收获后仍要加强肥水管理。

2.桃树的根系特性

桃树的根系分布较浅,主要分布在 10～30 厘米深的土层,但根系较发达,侧根和须根较多,吸收养分的能力较强。生产中为防止根系过于上浮,影响桃树的固地性和抗旱能力,在对桃树施肥时应适当深施,或深施与浅施相结合。

桃树的根系需要较好的土壤通气条件,土壤的通气孔隙量在10％～15％之间较好。为保证根系有较好的呼吸条件,在施肥时应多施有机肥,并将有机肥与土壤适度混合,以增加土壤的团粒数,提高土壤中的空气含量。在有条件的地方,还可在桃树下种植绿肥,然后进行翻压,该措施能够提高土壤的有机质含量以及土壤自身调控水分和空气的能力。

3.桃树的营养特性

桃树的幼树生长较旺,吸收能力也较强,对氮素的需求量不是太多。若施用氮肥较多,易引起桃树营养生长过旺,花芽分化困难,延迟进入结果期,并引起生理落果。进入结果盛期后,根系的吸收能力有所降低,而树体对养分的需求量又较多,此时若供氮不足,易引起树势衰退、抗性差、产量低、结果寿命缩短。因此,在营养的需求上,桃树幼树以磷肥为主,配合施用适量的氮肥和钾肥,以诱根长树。进入盛果期后,施肥的重点是使桃树的枝梢生长和开花结果相互协调,在施肥方面以氮肥和钾肥为主,配施一定量的磷肥和微量元素。

4.砧木类对养分吸收利用的影响

砧木对桃树的生长发育和养分吸收也有明显的影响。用毛桃类的砧木进行嫁接栽培后,表现为根系发达,树体对养分和水分的吸收能力强,耐瘠薄和干旱,结果寿命较长。但若土壤很肥沃,则容易生长过旺;若土壤排水不良或地势低湿,则容易生长不良,最终使桃树的结果能力变差。用山毛桃作砧木进行嫁接栽培后,表现为主根大而深、细根少,吸收养分的能力略差,早果性好,耐寒、耐盐碱的能力较强,缺点是在温暖地区不善结果。

5.桃树对养分的需要

试验表明,桃树每生产 100 千克的桃果,需要吸收的氮量为 0.3～0.6 千克,吸收的磷量为 0.1～0.2 千克,吸收的钾量为 0.3～0.7 千克。由于养分流失、土壤固定以及根系的吸收能力等因素的影响,肥料的施用量因土壤类型、桃树品种、管理水平等而有较大的差异。一般高产桃园每年的氮肥施用量以纯氮计为 20～45 千克,磷肥的施用量以五氧化二磷计为 4.5～22.5 千克,钾肥的施用量以氧化钾计为 15～40 千克。桃树也需要微量元素和钙、镁、硫等营养元素,这些元素主要从土壤中吸收,由有机肥提供。对于土壤较瘠薄、施用有机肥较少的桃树,可根据需要,适当施用微量元素肥料。

(三)桃树施肥技术

桃树的肥料施用量应根据土壤肥力、树龄、品种、产量、气候等因素灵活确定。对于土壤肥力低、树龄大、产量高的果园,施肥量要高一些;对于土壤肥力高、树龄小、产量低的果园,施肥量要适当降低。品种较耐肥、气候条件适宜、水分适中时,施肥量要高一些;反之,施肥量应适当降低。若有机肥的施用量较多,则化学肥料的施用量应少一些。桃树的肥料类型包括基肥、促花肥、坐果肥、果实膨大肥。

1.基肥的施用

基肥最好在果实采摘后尽快施入,若不能及时施入,也可在桃树落叶前 1 个月左右施入。

基肥最好以有机肥为主。在有机肥用量较少的情况下,氮肥用量可根据树龄大小、桃树长势以及土壤肥沃程度来确定。一般基肥中氮肥的施用量占年施肥量的 40%～60%,每株成年桃树的施肥量折合纯氮为 0.3～0.6 千克(相当于碳酸氢铵1.7～3.4 千克、尿素 0.6～1.3 千克或硝酸铵 0.9～1.9 千克)。一般磷肥主要作基肥施用,如果同时施入较多的有机肥,每株成年桃树的施肥量折合五氧化二磷为 0.3～0.5 千克(相当于含磷量 15% 的过磷酸钙 2～3.3 千克或含磷量 40% 的磷酸铵 0.75～1.25 千克)。一般基肥中的钾肥施用量折合氧化钾为 0.25～0.5 千克(相当于含氧化钾量 50% 的硫酸钾 0.5～1 千克或含氧化钾量 60% 的氯化钾0.4～0.8 千克)。施肥时肥料不要靠树体太近,要适当与土壤混合,以免造成"烧根"。对于土壤含水量较多、土壤质地较黏重、树龄较大、树势较弱的桃树,在施用有机肥较少的情况下,施肥量可适当增加;反之,则应减少施肥量。

2. 促花肥的施用

促花肥多在早春后至开花前施用,施用的肥料以氮肥为主,约占年施肥量的 10%。促花肥多结合开春后的灌水同时进行,每亩的氮肥施用量以纯氮计为 2~5 千克(相当于尿素 4.3~10.9 千克或碳酸氢铵 11~28.6 千克)。若基肥的施用量较高,则促花肥可不施或少施。

3. 坐果肥的施用

坐果肥多在开花后至果实核硬化前施用,主要用于提高坐果率、改善树体营养、促进果实前期的快速生长。坐果肥以氮肥为主,配合施用少量的磷、钾肥。坐果肥的用量约占年施用量的 10%,每亩的氮肥施用量以纯氮计为 2~5 千克(相当于尿素 4.3~10.9 千克或碳酸氢铵 11~28.6 千克)。

4. 果实膨大肥的施用

果实膨大肥在果实再次进入快速生长期之后施用,中晚熟品种的果实膨大期与花芽分化期基本吻合,此时追肥对促进果实的快速生长、促进花芽分化、打好来年的营养基础具有重要意义。果实膨大肥以氮、钾肥为主,根据土壤的供磷情况可适当配施一定量的磷肥。氮肥施用量占年施用量的 20%~30%,每亩的氮肥施用量以纯氮计为 4~10 千克(相当于尿素 8.6~20.8 千克或碳酸氢铵 22~57.5 千克);每亩的钾肥施用量以氧化钾计为 6~15 千克(相当于含氧化钾量为 50% 的硫酸钾 12~30 千克或含氧化钾量为 60% 的氯化钾 10~25 千克)。根据需要可配施含五氧化二磷量 14%~16% 的过磷酸钙 10~30 千克。

桃树对微量元素肥料的需要量较少,微量元素主要由有机肥提供。若有机肥施用较多,可不施或少施微量元素肥料;对于有机肥施用较少的桃园,可适当施用微量元素肥料。每亩实际的微肥用量(作基肥施用)为:硼砂为 0.25～0.5 千克,硫酸锌为 2～4 千克,硫酸锰为 1～2 千克,硫酸亚铁为 5～10 千克(应配合优质的有机肥一起施用,用量比为有机肥:铁肥＝5:1)。微肥也可用于叶面喷施,喷施的浓度根据叶的老化程度控制在 0.1%～0.5% 之间,叶嫩时浓度宜低,叶较老时浓度可高些。

四、板栗施肥技术

(一)安徽省板栗种植概况

板栗原产于我国,其栽培历史悠久,品种资源丰富,分布地域辽阔。板栗的主要品种有"处暑红"、"早庄"、"九家"、"焦扎"、"青扎"、"大红袍"。安徽省板栗种植区可分为皖南山区和大别山区。广德县柏垫镇的板栗种植面积较大,板栗林总面积为 3600 公顷左右,分布于 14 个村。枫桥乡是安徽的"板栗之乡"。

(二)板栗营养需求

1.板栗的需肥特点

板栗一般于 4 月上旬萌芽,4 月中下旬展叶,并随新梢生长而分化出雌花。5 月份是新梢生长和雌花形成的高峰期,此期内叶幕尚未完全建成,因而此期属于养分消耗期。6 月份枝条生长并加粗,开始开花授粉。各器官的形成会消耗大量养分,特别当雄花数量多时,消耗养分很多。6 月下旬至 9 月中旬是果实发育生长期,养分的消耗与积累同步进行,因而此期属于养分平衡期。如果结果量大,消耗量大于积累量,将导致产生小果,并使翌年为小年,此期内如发生缺素现象,将影响光合作用及果实发育。9 月中旬至 11 月份坚果成熟,并逐渐落叶,树体养分消耗少而积累多,因而此期属于养分积累期。此时根系生长也处于高峰期,根系从土壤中吸收的养分较多。11月份至翌年3月底为休眠期,栗树在芽内进行各种形态的分化,分化在深冬休眠期停止。板栗的生长发育不仅需要氮、磷、钾等大量元素,还需要锰、钙、硼等元素。铁和锌对栗树的生长促进作用虽不如上述元素明显,但因板栗果实有肥厚的子叶,故这两种元素的作用也不容忽视。

2.板栗的吸肥特点

根据树体养分年周期变化的状况,板栗在不同时期吸收的元素种类和数量也不同。在氮、磷、钾三要素中,板栗对氮素最为敏感。氮素在萌芽前、展叶、开花、新梢生长、果实膨大期的吸收量逐渐增加,直到采收前还有上升,以后吸收量则急剧下降,以新梢临近快速生长期和果实膨大期的吸收量为最多。生育期缺氮对栗树的生长和结果影响很大,尤其是花前和新梢生长期缺氮,会使新梢生长量显著降低,容易出现枝叶二次生长,造成早期落叶;果实膨大期缺氮则会导致果实发育不良。

板栗在开花前对磷的吸收量很少,开花后到9月下旬采收期对磷的吸收量比较多,而采收后对磷的吸收量又很少。磷的吸收期不仅比氮和钾短,而且吸收量也少。

板栗在花期前对钾的吸收量很少,开花后对钾的吸收量则迅速增加,其中以果实膨大期到采收期的吸收量为最多。板栗采收后钾的吸收量同其他元素一样急剧下降。在坚果膨大期应施用速效钾肥。考虑到栗子增重期的特殊需要和经济用肥,钾、硼等关键性速效肥应在树体吸收高峰期前约10天施入。

(三)板栗施肥技术

板栗树除需氮、磷、钾等元素外,还需要硼、锰、铁、锌、钙等中量元素和微量元素。生产中应根据板栗树的需肥特点,适时适量保证肥料的供应。

1.基肥

在 9 月下旬至 10 月上旬施用基肥的效果较好,有利于板栗树雌花芽的分化,特别是对进入盛果期的大树施用基肥,效果更好,有利于避免大小年现象。基肥主要包括腐熟人畜粪、土杂肥、腐熟饼肥等有机肥料。施肥量应根据板栗树的大小而定,正常情况下,对于投影面积为 10 米^2 的一棵板栗树,需施腐熟的稀释人畜肥或优质饼肥 15 千克,或施土杂肥 50 千克。投影面积每增加 1 米^2,腐熟的人畜肥或饼肥则增加 1 千克,土杂肥增加 5 千克。基肥一般沿树冠外围挖环形沟施入。基肥施后应覆土,对于坡形板栗园,可在栗树上坡挖半月形沟或打穴施肥。

2.追肥

对于优质板栗树,应每年追肥 3 次。第一次在萌芽前,即 3 月底至 4 月中旬,这段时间是树梢抽生及雌花分化期。及时追施雌花分化肥是提高雌花数量和质量、促进结果枝生长的重要措施之一。第二次在盛花期,即 5 月中下旬至 6 月初,应追施生果肥。由于雄花开放,树体养分大量消耗,此时正值新梢速生期,幼果开始发育,若养分供应不足,会引起幼果发育不良。适时追肥有利于提高坐果率、促进幼果和新梢生长。第三次是果实膨大期,即 7 月初至 8 月底,此期是板栗果实迅速膨大期及果肉干物质积累期,植株对养分需求旺盛。及时追施复合肥,可使果实饱满,提高果实产量。追肥以速效氮肥(尿素)为主,每株投影面积 10 米^2 的板栗树,每次施 0.25 千克尿素,投影面积每增加 10 米^2,尿素量增加 0.25 千克。施追肥的方法与基肥相同,如遇干旱天气,要带水根施。

3.微肥

对于优质板栗树,每年应喷施若干次微肥。第一次在5月中旬至5月下旬,喷施0.25%~0.30%尿素溶液;第二次在6月中下旬,喷施0.3%~0.5%尿素溶液;第三次在7月上旬,喷施0.3%~0.5%尿素溶液;7月上旬至9月上旬,每15天喷1次磷酸二氢钾,浓度为0.1%~0.3%;8月上旬至9月上旬,喷尿素3次,浓度为0.3%~0.5%。

在栗子采收后1个月内,喷0.3%~0.5%尿素溶液、0.1%~0.3%磷酸二氢钾溶液各1次,有利于增加树体营养物质的贮存。

4.硼肥

硼肥对解决板栗空棚问题具有一定的作用。板栗空棚是品种、病虫害、缺氮等多种因素影响的结果。单纯施硼肥无法解决空棚问题,过量施硼肥则有害,易造成栗叶卷曲,提前落叶。一年内一般只需根施或喷施一次硼肥。在干旱年份应慎用硼肥。

五、石榴施肥技术

(一)安徽省石榴种植概况

石榴果实外形独特,皮内百籽同房,籽粒晶莹,酸甜可口,营养丰富,不仅可供生食,还可用于制作清凉饮料。石榴具有生津化食、抗胃酸过多、软化血管、止泻、解毒、降温等多种功效。

安徽怀远石榴的栽培历史悠久,品质优异,久负盛誉,据传在唐代已有栽植,到了清代,怀远石榴已见诸正史。《怀远县志》中记有:"榴,邑中以此果为最,曹州贡榴所不及也。红花红实,白花白实,玉籽榴尤佳。"可见,怀远石榴在很久以前就形成了独特的地方特色,并以其艳丽的色彩,端正的果形,晶莹剔透的籽粒,佳美的风味,赢得了众人的好评。

怀远石榴的主产区在荆、涂二山山麓,在阴坡最多,东西坡次之,阳坡最少。怀远石榴主要分布于马城区上洪乡的上洪、杜郢、涂山,城关镇的兴昌、乳泉、永光等 6 个行政村,其他各区多为近年新建幼园。截至 2006 年,怀远石榴每年总产量在 40 万千克左右,亩产果实200 千克以上,单株产量在 5 千克以上,最高单株产量为 15 千克左右。与全国各产区石榴相比,怀远石榴的亩产、株产均列前茅。这是因为怀远石榴不仅得天时、占地利,而且有优良的品种。

(二)石榴营养需求

实践证明,对石榴树进行合理施肥,能改善土壤的结构和理化性状,提高土壤肥力,促进树体生长和花芽分化,减少落花落果,提高产量和质量,防止出现大小年,延长结果年限,增强其对不良环境的抵抗能力。

石榴在不同时期吸收的元素种类和数量均不同。在氮、磷、钾中,石榴对氮素最为敏感。氮在萌芽前至果实膨大期的吸收量逐渐增加,直到采收果实前还有上升,以后氮吸收量急剧下降。生育期缺氮对石榴树的生长和结果影响很大。石榴树在开花前的磷吸收量很少,在开花后到 9 月下旬采收期的磷吸收量比较多,采收后的磷吸收量又很少。石榴树在开花期前的钾吸收量很少,开花后的钾吸收量则迅速增加,以果实膨大到采收期的吸收量最多,采收后,钾的吸收量同其他元素一样急剧下降。

(三)石榴施肥技术

1.常用肥料的种类

石榴园常用的肥料大致可分为 2 类,即有机肥料和无机肥料。

(1)有机肥料　有机肥料是含有机肥的肥料的统称,包括人粪尿、牛厩肥、羊厩肥、猪厩肥、鸡粪等。有机肥属于完全肥料,它不但含有植物生长所需的多种营养元素,而且含有丰富的有机质,能较长时间稳定地供给树体生长发育所需要的养分,并能有效地改良土壤。在石榴园,有机肥多在秋季作为基肥施用。

有机肥虽有以上优点,但其养分含量低,肥效缓慢,不能满足树体不同发育阶段对某种养分的大量需求。因此,在施肥上应以有机肥为基础,并配合施用无机肥。

(2)无机肥料 无机肥料是指不含有机物的肥料,多指用化学方法合成或简单加工而成的肥料。无机肥料按所含营养元素的种类可分为以下几种。

①氮肥:如尿素、碳酸氢铵、硫酸铵、氯化铵、硝酸铵、氨水等。

②磷肥:如普通过磷酸钙、重过磷酸钙、钙镁磷肥、磷矿粉等。

③钾肥:如硫酸钾、氯化钾、窑灰钾、草木灰等。

④复合肥:如磷酸一铵、磷酸二铵、磷酸二氢钾、硝酸钾等。

⑤微肥:如硼砂、硫酸镁、硫酸铜、硫酸钙、硫酸锰、硫酸亚铁、碳酸钙、钼酸铵等。

在深翻改土、秋施基肥时,将过磷酸钙与圈肥、厩肥或饼肥混合,能保持和提高磷肥的有效性。在生长季内,将碳酸氢铵与绿肥、青绿秆混合翻压,可加速有机物的腐烂和分解,并能提高氮素水平。

2.施肥时期

在石榴树生长的年周期中,不同物候期的生长发育中心不同,因而石榴树对养分种类和数量的需求也不相同。

(1)春季施肥 春季是石榴树体生长发育的重要时期,主要生长活动有根系生长、萌芽、展叶、抽枝、花芽继续分化、显蕾等。

春季的生长发育重点是营养生长,新建器官是当年生长发育的基础。因此,在施肥上应以氮肥为主。在生长初期,石榴树主要消耗前一年贮藏的营养,为保证营养供给的连续性,春季肥料应尽可能早地施入,以萌芽时施肥为佳。在肥料种类上以速效氮为主,每亩可施用碳酸氢铵 60 千克或尿素 25 千克。

(2)**夏季施肥**　石榴树在夏季的主要生命活动有开花、坐果、果实发育和花芽分化等。这一阶段的生长发育重点是坐果。

夏季施肥的特点是:以春季良好的营养生长为基础,配合施用氮、磷、钾、硼等肥料。在氮肥的施用量上,应因树而定,灵活掌握,强树不施,中庸树适当施,弱树多施。对于中庸树,氮、磷、钾的施用比例一般为 1∶0.5∶1。参照一般速效肥被作物吸收利用的时间规律,应尽可能在始花期以前施用。硼肥可在花期进行根外追施,以提高坐果率。石榴树开花后,应对老弱树补施氮、磷、钾肥,配合疏花定果,综合调节,以促进树势恢复。对于沙质、多石砾等不良土壤,肥料宜勤施、少施。夏季施肥的意义十分重大:一是要保证开花和坐果;二是可促进幼果发育;三是为后期的花芽分化打好基础。在施肥方式上,以土壤追肥为主,也可采用根外追肥方式。氮肥可用碳酸氢铵、硫酸铵、尿素等;磷肥可用过磷酸钙;钾肥可用硫酸钾或草木灰,也可使用复合肥磷酸二铵、磷酸二氢钾等。

(3)**秋季施肥**　秋季果实已近成熟,花芽还在继续分化,树体营养消耗很大。秋季施肥在采果前多以根外追肥为主,配合病虫害防治,喷施尿素(0.3%～0.5%)和磷酸二氢钾(0.3%),以促进果实膨大,增加色泽和含糖量。在采果后可再进行根外追肥,同时深翻施肥。基肥以有机肥为主,施用量通常较大(占全年施肥量的 80%左右),在施用农家肥时,可混施少量速效氮。秋季光照充足、温度适宜、昼夜温差大,有利于营养物质的积累,所以应配合使用修剪等措施,增强光合效率,促进营养积累和树体快速生长,保证石榴树安全越冬,为翌年的高产打好基础。

3.石榴园的施肥方法

施肥效果与施肥方法有密切的关系,施肥方法主要分为 2 类:一是土壤施肥,二是根外施肥。

(1)土壤施肥 土壤施肥方法要与根系分布特点相适应。石榴属于灌木树种,根系分布较乔木树种浅。施肥时应将肥料施于根系分布密集区偏深的地方,可诱导根系向深层生长,一般深度为30~80厘米。不同的肥料种类,其施肥深度不同,有机肥可深施,无机肥可浅施。在生产上具体应用时应区别对待,灵活掌握,以最大限度地满足要求为佳。常用的土壤施肥方法有:

①环状施肥。幼树根系分布范围较小,故多采用这一方法。此法操作简便,比较经济。缺点是环状开沟对水平根损伤较大,施肥面积较小。

②放射沟施肥。一般盛果期多用此法。用这种方法开沟时应顺水平根生长的方向开挖,可较少伤根,而且应隔年或隔次更换施肥部位,扩大施肥面积,促进根系吸收营养。

③条沟施肥。即在石榴树行间开沟施肥,常结合石榴园秋季深翻进行。开沟时可视具体情况,每行或隔行深翻施肥。此法多用于幼园深翻和宽行密植园的秋季施肥。

④穴状施肥。即在树冠垂直投影下,均匀地挖穴状小坑,将肥料施入,此法多在成龄园生长期追肥时采用。

⑤全园撒施。一般在盛果期园内已郁闭、根已密布全园时采用此法。该方法的施肥面积大,石榴树吸收的面积也大,但不能连年使用,而应与深翻施肥相结合,交替使用。

(2)根外追肥 根外追肥也叫"叶面喷肥",在我国果区已广泛采用,技术比较成熟。对叶面所喷肥料主要通过叶片上的气孔和角质层进入叶片,然后运送到树体内的各个器官,一般喷后15分钟到2小时肥料即可被叶片吸收利用。在一个叶片上,叶背比叶面吸收得快,一天中在10时前和16时后喷的效果较好。叶面喷肥一定要掌握好肥料浓度,切不可太高,以免造成肥害。常用叶面喷肥的肥料品种与使用浓度见表3-1。

表 3-1　石榴园根外追肥常用肥料品种与浓度

种类	浓度(%)	施用时间	主要作用
尿素	0.3～0.5	5月上旬、6月下旬至9月中下旬	提高坐果率,促进树体生长、果实膨大,恢复树势
磷酸二氢钾	0.1～0.3	5月上旬至9月下旬,3～5次	促进花芽分化、果实膨大,提高品质,增强抗寒性
硫酸钾	0.3～0.5	5月上旬至9月下旬,3～5次	促进花芽分化、果实膨大,提高品质,增强抗寒性
硫酸锌	0.3～0.5	生长期	防缺锌
硫酸亚铁	0.3～0.5	叶发黄时	防缺铁
过磷酸钙	1～3	5月上旬至9月下旬,3～5次	促进花芽分化,改善果实品质
草木灰	2～3	5月上旬至9月下旬,3～5次	促进花芽分化,改善果实品质
硼酸	0.3	花期	提高坐果率

六、柿树施肥技术

(一)安徽省柿树种植概况

我国是世界上产柿最多的国家,年产鲜柿约 70 万吨。安徽省的柿树品种繁多,从色泽上可分为红柿、黄柿、青柿、朱柿、白柿、乌柿等;从果形上可分为圆柿、长柿、方柿、葫芦柿、牛心柿等。

(二)柿树营养需求

1.需肥特点

柿果在树上生长的时间较长,无积累和贮藏养分的时间,所以隔年结果的现象严重,必须注重营养调节。其需肥特点主要包括以下几个方面。

①柿根的细胞渗透压低,所以施肥时肥液浓度要低,浓度高于10毫克/千克时柿树容易受害。施肥时最好分次少施,每次浓度应在10毫克/千克以下。

②柿树在生长、结果过程中需钾肥较多,尤其是果实肥大时钾肥的需要量较大。当钾肥不足时,果实发育受到限制,果实变小;当施钾肥过多时,则造成果皮粗糙,外观不好,肉质粗硬,品质不佳。在果实膨大后期应增加钾的供应。需注意,在此期间不要施用磷肥,磷肥过多反而会抑制其生长。

③柿树是深根性果树,对肥效反应迟钝,不像葡萄、桃树和梨树那样敏感,一般施肥10天后无明显的反应,甚至有2个月以上无明显反应的情况。

④柿树在营养转换期以前各个器官的活动,如萌芽、展叶、新梢生长、根系生长等,主要利用前一年贮藏的营养物质;在营养转换期以后的生育过程才利用当年制造的有机营养物质。

⑤不同树龄柿树的需肥量不同。幼龄树需肥量较少,结果后对各种养分的需求量增大,特别是对氮素的需求量增大。柿树体内最需要养分的时期有3个:第一个时期在3月中旬至6月中旬,即萌动、发芽、枝条生长、展叶以及开花结果期。在这一系列的生育过程中,所需营养均来自前一年贮藏的养分。第二个时期在生理落果以后,肥料主要用于促进果实肥大,应施用以钾为主的肥料。第三个时期在10月下旬至11月上旬,果实采收以后,施肥主要用于恢复营养,积累贮藏养分。

2.需肥量的确定

柿树的生长发育需要多种营养元素,某种元素的增加或减少,会使元素间的比例关系失调。肥料不能单一施用,既要施用无机肥,也要施用有机肥。施用复合肥时也应注意元素间的比例关系。各种元素的需要量,应根据土壤类型、树势强弱、肥料种类来确定。

(1)树体不同发育期的需肥量不同 柿树与其他多年生木本植物一样,其个体发育可分为4个阶段,即幼龄期、结果初期、盛果期和衰老期。柿树幼龄期的营养生长旺盛,主干的伸长生长迅速,骨干枝的生长较弱,生殖生长尚未开始。此期内每株柿树年平均施氮50～100克,磷20～40克,钾20～40克,有机肥5千克。氮、磷、钾的比例约为2.5∶1∶1。柿树结果初期的营养生长开始减缓,生殖生长迅速增强,相应的磷、钾肥的用量增大。此期内每株柿树年平均施氮200～400克,磷100～200克,钾100～200克,有机肥20千克。氮、磷、钾的比例为2∶1∶1,这种比例有利于保证树体的吸肥平衡。柿树的盛果期时间较长,营养生长和生殖生长相对平衡,枝条开始出现更新现象。此期内需要加强综合管理,科学施肥灌水,以延长结果盛期,获得良好的收益。这一时期内要加大磷、钾肥的施用量,每株柿树年施入氮600～1200克,磷400～800克,钾400～800克,有机肥50千克。氮、磷、钾的比例为3∶2∶2,随着树龄的增大,可适当加大磷、钾肥的施用量。同时,要根据树叶内含有的营养元素的丰缺情况,配合施入微量元素。如果没有树叶分析条件,可根据缺素的症状,施入所缺少的元素。

(2)不同立地条件的施肥量和急需元素不同 一般来讲,山地和沙地的园土土质瘠薄,易于流失,施肥量较大,要以多次施肥的方法加以弥补。土质肥沃的平地园,养分释放潜力大,施肥量可适当减少,也可适当减少施肥次数,集中几次施入。如果成土母岩不同,则土壤所含元素也不一样:如片麻岩分化的土壤中,云母量丰富,一般不需要施磷、钾肥;而由辉石、角闪石分化的土壤,一般锰、铁元素含量较多。因而,要根据成土母岩的种类,有所侧重地选择肥料。另外,还应考虑土壤的酸碱度、地形、地势、土壤温度和土壤管理等因素,它们对施肥量、施肥方法均有影响。因此,正确的施肥方法是先做园地土壤普查,根据普查的结果决定园内肥料的施用量,从而做到肥料施用既不过剩,又经济有效。

(三)柿树施肥技术

正确施肥是保证柿树高产、稳产、优质高效的重要措施之一。肥料施用是否得当,直接影响柿树的生长和结果。合理施肥必须根据品种特点、树龄、物候期以及树体营养状况来进行,并根据土壤种类、性质和肥力情况选用适量的肥料。

1.基肥

(1)基肥的作用 基肥可以增强树体的光合效能,促进营养的积累,为翌年春季枝叶生长和开花坐果打好基础。

(2)基肥的施用时期 柿树的基肥应于秋后采果前(9月中下旬)施入,此时枝叶已停止生长,果实接近成熟,消耗养分极少,而叶片尚未衰老,正值同化养分积累时期,是施用基肥的最佳时期。

(3)基肥的施入量 基肥应以有机肥为主,并可适当施入氮、磷、钾肥。氮肥的60%～70%在基肥中施入,其余则在生育期追施;全部磷肥在基肥中施入;钾肥容易流失,适宜在基肥和追肥中分别施入。

(4)基肥的施肥方法 柿树的基肥施用一般可采用放射状沟施、条状沟施、穴施和全园撒施等方法。具体做法如下。

①放射状沟施:将基肥施于树冠下,距树干约0.5米。以树干为中心呈放射状挖沟4～6条,沟宽为内窄外宽,宽度为20～40厘米,沟深为内浅外深,深度为15～60厘米。将肥料和土拌匀后施入沟内,覆土。放射沟的位置可隔年或隔次更换,以扩大施肥面。

②条状沟施:根据树冠大小,在果树行间、株间或隔行圩沟施肥,沟宽40～60厘米,深40～60厘米,也可以结合深翻进行施肥。

③穴施:在有机肥不足的情况下,最好集中穴施。在树盘中挖深40～50厘米、直径50厘米左右的穴,穴数可视冠径大小和施肥量而定。将肥料和土拌匀后施入穴内,覆土。施肥穴应每年轮换位置,以便使树下土壤逐年得以改良,并充分发挥肥效。

④全园撒施：将肥料均匀地撒施在全园，然后耕翻，深 15～20 厘米。该方法的用肥量较多，多用于成龄结果园和密植园。

2.追肥

(1)追肥的作用 追肥可增加果重，促进新梢生长，提高叶片中的叶绿素含量和光合作用强度，延长叶的功能期，促进花芽形成。

(2)追肥的施用时期 追肥应结合物候期进行。柿树除新梢和叶片生长较早外，其他如根系生长、开花、坐果与果实生长等都偏晚，因此追肥时期应偏晚些。柿树的枝叶生长虽早，但主要是使用树体内的贮藏营养。据山东农业大学的试验观察，肥水过早施入时，由于刺激了枝梢生长，反而引起落蕾较多。因此，第一次追肥时期应在枝叶停止生长到花期前（5 月上旬）。7 月中上旬，在前期生理落果后进行第二次追肥。在这两个时期追肥可避免刺激枝叶过分生长而引起落花落果，亦可提高坐果率及促进果实生长和花芽分化。追肥除了能使当年产量增加外，还可增加翌年的花量，为翌年丰收打好基础。

(3)追肥的施入量 施肥量应根据品种、树龄、树势、产量和土壤本身营养状况来确定。日本福冈县根据柿树的不同树龄和栽培土壤制定了施肥标准（表 3-2），可供参考。根据试验推算，以"富有"为代表的甜柿对肥料三要素的吸收利用情况是：一般 0.1 公顷柿园每年吸收氮 8.5～9.9 千克，磷 2.3 千克，钾 7.3～9.2 千克。天然供给量：氮大约为吸收量的 1/3，磷与钾均为吸收量的 1/2。施肥量：施氮量为吸收量的 2 倍，施磷量为吸收量的 5 倍，施钾量为吸收量的 2 倍。合理的施肥量取决于柿树的吸收量、土壤中天然供给量和肥料的吸收利用率。可用下列公式计算：

施肥量＝(柿树吸收量－天然供给量)/肥料吸收利用率

在生产实践中，也可以用计划产量来确定施肥量的标准。

表 3-2　日本福岗县不同树龄的柿树施肥标准(单位:千克/0.1公顷)

树龄	肥沃土 12～48 株			普通土 16～64 株			瘠薄土 32～64 株		
(年)	氮	磷	钾	氮	磷	钾	氮	磷	钾
1	1.5	1.0	1.0	3.0	2.0	2.0	5.0	3.0	3.0
2	3.0	1.5	1.5	5.0	3.0	3.0	6.5	4.0	4.0
3	3.5	2.0	2.0	6.0	3.5	3.5	8.0	5.0	5.0
4	4.5	3.0	4.5	8.0	5.0	8.0	11.0	6.5	11.0
5	5.5	3.5	5.5	9.0	5.5	9.0	14.0	8.5	14.0
6	6.5	4.0	6.5	10.0	6.0	10.0	15.5	9.0	15.5
7	7.0	4.0	7.0	11.0	6.5	11.0	17.0	10.0	17.0
8	7.5	4.5	7.5	12.0	7.5	12.0	18.0	11.0	18.0
9	8.0	5.0	8.0	13.0	8.0	13.0	20.0	12.0	20.0
10	9.0	5.5	9.0	13.5	8.5	13.5	20.5	12.5	20.5
11	9.5	5.5	9.5	14.0	8.5	14.0	21.0	12.5	21.0
12	10.0	6.0	10.0	14.5	9.0	14.5	22.0	13.0	22.0
幼树	10.0	6.0	6.0	10.0	6.0	6.0	10.0	6.0	6.0
结果树	10.0	6.0	10.0	10.0	6.0	10.0	10.0	6.0	10.0

(4)追肥的施肥方法　追肥多采用放射状沟施的方法。追肥时要注意以下问题。

①应根据根系分布情况、肥料种类来确定施肥位置和深度。平原栽植的柿树,根系分布深,追肥深度可稍深;山区栽植的柿树,根系分布浅,追肥深度可稍浅。氮肥在土壤中的移动性强,因此,施肥深度可稍浅。钾肥的移动性较差,磷肥的移动性更差,所以,磷、钾肥以施到根系集中分布层为宜,而且应分布均匀。

②施用化肥时,应注意施肥方法和浓度。铵态氮肥应随施随埋,以避免挥发散失,降低肥效。肥料浓度不要超过 10 毫克/千克,特别是施用氨水时,更应注意浓度和深度,以防烧根。

3.叶面喷肥

(1)叶面喷肥的作用　叶面喷肥可增大叶面积,提高干物质的含量,增强光合作用和代谢作用,促进柿树生长。

(2)叶面喷肥常用的种类和浓度　氮肥常用尿素,浓度为0.3%～0.7%;磷肥用过磷酸钙及磷酸二氢钾浸出液,浓度为0.3%～0.5%,或用磷酸铵,浓度为0.1%～0.5%;钾肥主要用3%～10%草木灰浸出液,其他也可用氯化钾、硫酸钾和磷酸钾等,浓度为0.5%～1%;微量元素肥液浓度一般以500毫克/千克为宜。

(3)叶面喷肥的时期　叶面喷肥一般在花期(5月中旬)及生理落果期(5月下旬至6月中旬)进行,可每隔半个月喷1次尿素,后期喷一些磷肥。对叶面喷肥时,宜在无风的晴天10时以前、16时以后进行。中午炎热,肥料会在进入叶片前蒸发变干或浓度变大,易灼伤叶片。尽量将肥液喷到叶背,以便肥液从叶背的气孔中迅速进入。叶面施肥可与喷药结合进行,以节省劳力。

4.早期密植丰产柿园施肥标准

早期密植丰产柿树园的施肥标准见表3-3。

表3-3　早期密植柿树园计划产量的施肥标准(单位:千克/0.1公顷)

产量	肥沃土			普通土			瘠薄土		
	氮	磷	钾	氮	磷	钾	氮	磷	钾
500	6.5	4.0	6.5	10.0	6.0	10.0	15.5	9.0	15.5
1000	7.0	4.0	7.0	11.0	6.5	11.0	17.0	10.0	17.0
2000	7.5	4.5	7.5	12.0	7.5	12.0	18.5	11.0	18.5
2500	9.5	5.5	9.5	14.0	8.5	14.0	21.0	12.5	21.0
3000	10.0	6.0	10.0	14.5	9.0	14.5	22.0	13.5	22.0

第四章

蔬菜作物施肥技术

一、蔬菜的营养生理

(一)蔬菜吸收土壤养分的特点

蔬菜作物是一个庞大的植物群,其中既有陆生植物,又有水生植物;既有高等植物,又有低等植物;既有一年生和二年生植物,又有多年生植物。仅我国栽培的蔬菜就有 20 多个科,包括 100 多个种。蔬菜的食用器官除了包括常见的根、茎、叶、花、果实和种子以外,还有肉质根、块根、花球、叶球等。可见,蔬菜作物包括的植物种类之多,利用的植物器官之广,都远非其他农作物所能比拟。正因为这样,蔬菜的营养和施肥是一个十分复杂的问题。与其他作物相比,蔬菜作物在吸收土壤营养方面有如下一些特点。

1.蔬菜对营养的吸收能力较强

蔬菜对土壤肥力要求较高。主要原因有:一,多数蔬菜根系的盐基代换量比谷类作物高。蔬菜的盐基代换量一般为 40～100me/100 克干根,而谷类作物为 14.2～23.7me/100 克干根,所以蔬菜吸收养分的能力较强。二,菜田的利用时间长,复种指数较高。华北一带菜田的复种指数为200%～300%,长江流域菜田的复种指数为300%～

400％,蔬菜要从土壤中带走大量营养。三,多种蔬菜的营养吸收量较大。研究发现,需肥量中等的蔬菜,如胡萝卜、葱、番茄等,吸收的氮量比大麦多1倍左右。某些生长期短的蔬菜,如四季萝卜等,全生长期的氮消耗量并不多,但平均每天消耗的氮量却比大麦多2.3倍。

2.蔬菜属于喜钙作物

研究表明,蔬菜对钙的吸收量高于禾本科作物,而对硅酸的吸收情况则相反。由于蔬菜对钙的吸收量较大,土壤中钙的流失量又很大,加上土壤溶液浓度过高或者铵态氮的大量存在会妨碍蔬菜对钙的吸收,以及钙在植物体内移动缓慢,所以要重视钙的营养问题。番茄的脐腐病、大白菜和甘蓝的"干烧心"等,都是由缺钙引起的生理性病害。

3.蔬菜对硝酸态氮特别偏爱

大多数农作物能同时利用铵态氮和硝态氮,而蔬菜却偏好于吸收硝态氮。铵态氮过多,会使蔬菜发生严重的生育障碍。研究发现,硝态氮与铵态氮的配比不同,则生育指数明显不同。若将100％硝态氮的生育指数作为100,则全部以铵态氮作氮源时,生育指数下降到15左右。

4.蔬菜对土壤中的有机质含量有较高要求

蔬菜根系的呼吸需氧量大,而不少蔬菜(番茄、胡萝卜、大白菜、萝卜)的气体疏导组织很不发达。这就要求土壤中含有丰富的有机质,从而使土壤形成良好的团粒结构,具有良好的透气性。土壤中空气的更新主要靠扩散作用,而扩散作用的强度则取决于土壤的孔隙度。结构良好的土壤的孔隙度高,土壤中二氧化碳的逸失和空气中的氧向土壤中的扩散也相应加强。正由于此,种植蔬菜比较理想的菜园土中,有机质含量最好保持在3％以上。

土壤有机质是一种吸附能力很强的有机胶体,因此,富含有机质的土壤不仅保肥能力强,而且养分的缓冲能力大。在施用化肥以后,土壤溶液的浓度依靠土壤胶体的吸附调节而不至升得过高,从而避免妨碍根系对养分的吸收。当作物从土壤溶液中吸收养分以后,土壤又能及时地将养分释放到土壤溶液中,从而保证在整个蔬菜生长期间,土壤溶液能始终保持有效养分的最佳浓度。这对于保持菜田良好的肥力水平、满足蔬菜对土壤营养的需要是十分有利的。

(二)土壤养分与蔬菜生长发育的关系

1.氮

　　氮是蔬菜作物极其重要的营养元素。植物从根部吸收的氮,主要以铵离子或硝酸根离子的形式存在。硝酸根离子需要通过含钼的硝酸还原酶的作用,还原为铵离子,才能被作物利用。铵离子和叶片的光合作用产物——碳水化合物在叶内转化为氨基酸,进一步合成原生质。所以在氮供应水平高时,叶片生长茂盛,且使细胞肥大,细胞壁较薄,叶片柔嫩多汁。

　　氮是叶绿素的结构元素,氮素的供应水平对叶片内叶绿素的含量有极大的影响。这正是缺氮情况下叶片总是呈淡绿色甚至黄色以及新叶生长停滞的原因。当然,不能认为叶绿素含量越高,光合作用的效率就越高。氮的供应水平过高也会对蔬菜生长发育带来坏处。我们常常看到由于氮肥过多而使叶片出现异常的浓绿色(甚至出现墨绿色),这意味着不利于光合作用的进行:豇豆幼苗的叶片呈浓绿色时,抽蔓期将会大大延迟;辣椒秧苗叶片呈浓绿色时,开花以后就会造成坐果困难;芋的幼苗叶片呈浓绿色时,其叶片将很难伸展长大,还会使新叶生长延缓;黄瓜幼苗叶片出现浓绿色时,会引起生长停滞,茎蔓难以顺利抽生。

　　氮过量还会极大地影响某些蔬菜的发育过程。同一种蔬菜分别栽在供氮水平不同的两块田里时,长在缺氮田块的蔬菜及时地开了花,而长在多氮田块里的蔬菜却迟迟不抽薹,这表明过度的营养会抑制生殖生长。各种蔬菜都不同程度地存在着这种现象。有意识地利用瘠薄地栽植一些蔬菜的种株,可使其较早地开花、结实。长江流域空心菜的采种有一个突出问题,就是早霜降临时部分种子尚未成熟。如今菜农运用过量氮肥抑制生殖生长的知识,将空心菜种在瘠薄的高亢地上,少施或不施氮肥,使植株保持叶片较薄、叶色淡绿的长相,且采取棚架栽培,避免不定根的发生,减少土壤养分和水分的吸收。这样就使茎迅速伸长,提早到 8 月下旬开花,10 月下旬至 11 月上旬种子成熟,从而能避免早霜的危害。

2.磷

磷集中分布在作物的分生组织中。磷在细胞分裂旺盛的叶细胞和根细胞中的含量,比停止分裂的细胞中高几百到几千倍。磷在碳水化合物、脂肪和蛋白质的转化过程中,具有重要的作用。蔬菜作物对磷的吸收量低于氮,若吸氮量为 100,则吸磷量为 25～35。蔬菜中磷的含量占干物质重的 0.3%～1.0%。但是,一种营养元素的重要性,不能单独根据吸收量的多少来判断,更不能根据吸收量来决定施肥量。因为磷在土壤中极易被固定(形成水不溶性的磷酸钙或磷酸铁、磷酸铝),磷的扩散系数仅相当于氮、钾的 1% 甚至 1‰,磷的利用率仅为 20% 左右,远远小于氮、钾的利用率。

磷在调节叶片光合作用产物——碳水化合物的分配上有特殊的作用。一般来说,施用氮肥在促进叶片生长的同时,却降低了叶片向根部运输碳水化合物的能力,从而抑制了根系的发育;而磷的效果则与氮不同,它能促使叶面积扩大而不影响叶片向根部运输碳水化合物的能力,这将利于根系的发育及其对养分的吸收。

磷对茄果类蔬菜的花芽分化有显著影响。苗期缺磷会使番茄第一花絮着生节位升高,花芽分化迟缓。磷的供应水平高时,花芽分化较早,从分化到花蕾形成所需的时间较短,开花期提前,花的发育良好,花器较大,萼片、花瓣、花药、子房都明显增大。而在磷供应水平低的条件下,花器显著变小,每一花序的小花数目减少,且花的品质下降。

磷在调节营养生长与生殖生长方面也有不可忽视的作用,这在蔬菜生产中得到越来越广泛的应用。如果说氮在促进营养生长方面有明显作用的话,那么磷在促进生殖生长方面则有着独特的作用。磷的突出生理功能是促进糖分(磷酸丙糖)从叶绿体中输送出来。在实践中,采用增施磷肥的方法,可抑制马铃薯、番茄的徒长,促使叶片中的糖分加速运向块茎或果实,削弱新叶的生长。另外,常常在蔬菜的留种田里施用磷肥,以提高种子的产量和质量。当然,磷肥施用量过多时,也会降低蔬菜的产量,这是由于磷促使成熟过程加速,造成营养生长减弱。

3. 钾

钾也是蔬菜的主要营养元素之一。但钾与氮、磷不同,它不是植物体的结构元素,而是以离子状态存在。钾存在于细胞液中,并部分被原生质吸附,它在植物体内的分布与钙相反,钙大多集中于植物的老熟部位,而钾则集中于生长旺盛的部位,在芽、幼叶、根尖中的含量特别高。在这些器官的灰分中,钾的含量可高达50%。蔬菜对钾的吸收量在三要素中居首位,若氮的吸收量为100,则钾的吸收量为110~250,平均约为150。

钾对叶片中糖和淀粉的合成以及糖的运输有重要的作用。分别生长在有钾和无钾条件下的番茄,其叶片和叶柄中糖和淀粉的含量有显著的差异。缺钾会造成马铃薯块茎内淀粉含量明显降低,这也说明钾在碳水化合物的运输、合成方面有独特作用。正由于此,钾在马铃薯块茎、甘薯块根、胡萝卜肉质根中的含量都很丰富。由于钾能促进糖的转化和运输,因此钾肥对于一切富含糖和淀粉的蔬菜都有明显的增产效果。

钾还具有提高植物抗性的功用。实验证明,钾能促进维管束的发育,使厚角组织细胞壁加厚、韧皮部发达,茎变得较坚韧,从而提高作物对病害和不良环境的抵抗力。在偏施氮肥时,叶片长得肥大,但光合作用的效率却不高,叶片中的含氮化合物远远高于碳水化合物,厚角组织的细胞壁很薄,极易遭受病虫侵害。可见,对于氮的这种有害效应,钾可以起到校正剂的作用。当然,过量施用钾肥同样是有害的,因为钾对其他阳离子的吸收有拮抗作用。例如,番茄植株每 100克干物质中钾的含量为 25~150 毫克,但其中所含阳离子总量却稳定在 300 毫克左右。这表明,钾离子吸收过多后,其他阳离子就会相应减少,这对保持植物体内离子间的平衡是不利的。

4. 钙

钙是蔬菜的一种结构元素,主要以果胶酸钙的形态存在于细胞壁间层中。钙在促进根系的生长发育和叶片正常生长方面起作用,还有消除其他离子和某些有害物质毒害的作用。钙离子对铵离子有拮抗作用,能使植物体内的过剩铵离子不致发生毒害。钙在菠菜叶内能与草酸结合形成草酸钙结晶,因此具有消除草酸毒害的作用。在植物体各个器官中,钙的含量随器官衰老而增加。

5. 镁

镁是叶绿素的组成成分,所以镁对一切绿色植物都是必需元素。镁在植物体内有促进磷酸盐转运的作用,又是多种酶(如氨基移换酶、脱氢酶、磷酸酶以及磷酸葡萄糖转化酶等)的活化剂。镁同钙一样,易被雨水淋失或随灌溉水流失,因此不少蔬菜(最易缺镁的作物是茄果类、瓜类)常出现以叶脉间黄化为特征的缺镁症。

6.微量元素

微量元素在蔬菜营养中同样具有不可替代的作用。硼在根菜类和豆类蔬菜中的含量相当高,比禾谷类的作物高数倍。蔬菜严重缺硼时会引起缺素症(如芹菜的茎裂病、芜菁甘蓝的褐腐病、萝卜的褐心病等)。对缺乏微量元素的菜田适当施用微量元素肥料,可获得较好的效果。

二、蔬菜施肥技术的特点

(一)苗期施肥要求高

蔬菜栽培由直播发展到育苗是栽培技术进步的标志。现今栽培的蔬菜,70%以上的种类都是先在小块土地(露地苗床或保护地苗床)上育苗,然后将幼苗定植到大田。由于幼苗形成每一单位重量所需要的营养元素比成年植株高2～3倍,在育苗期间,幼苗密集,单位面积苗床上营养元素的吸收量比大田高6～7倍,因此,采取一定的施肥方式来满足蔬菜幼苗对土壤养分的高要求,就成为蔬菜施肥技术的一个关键。

为了满足培育壮苗对土壤营养的要求,生产上常用腐殖质、化肥和菜园土按一定比例配制成培养土。这种培养土具有以下特点:有效养分丰富而完全,土中含有秧苗健壮生长所必需的氮、磷、钾等多种营养元素。实验发现,一棵苗龄50天左右的茄果类蔬菜的幼苗,对主要营养元素的吸收量约为氮100毫克、磷30毫克、钾100毫克,按每平方米100株计算,总吸收量为氮10克、磷3克、钾10克。按上述三种营养元素的利用率分别为氮50%、磷20%、钾50%推算,则每平方米苗床中应含有速效氮20克、速效磷15克、速效钾20克,才能满足幼苗生长发育的要求。按一般培养土厚度10厘米、容重为1计算(扣除因土壤中有机质和养分渗漏等因素而造成的土壤溶液浓度降低20%),床土中可利用的主要营养元素的大致浓度为:氮160毫克/千克,磷120毫克/千克,钾160毫克/千克。这个要求对于肥力较高的菜园土来说也是难以达到的。而配制培养土时如不及时添加肥料,则不能满足培育壮苗对土壤营养的要求。即使是露地苗床,也要在播种前适当增施基肥(腐熟有机肥和化肥),提高土壤的有效养分含量,增强土壤的供肥能力,以满足秧苗健壮生长的需要。

(二)施肥模式差异大

蔬菜种类繁多,产品器官多样,不同蔬菜品种的生长发育对土壤营养的要求不一,施肥模式也各不相同。

1.速生型蔬菜

速生型蔬菜包括一切生长期较短的绿叶菜,如不结球白菜、苋菜、芹菜、蕹菜、莴苣、菠菜等。这类蔬菜以叶片(或叶柄)或全株供食用,在栽培全过程中进行营养生长。由于群体分布非常密集,根系分布较浅,植株的有效养分要求较高,传统的施肥方法是以追肥为主,施以速效氮,一般每收获一次,随即追肥一次。施肥时间从出苗一直延续到收获完毕。

2.先形成同化器官(叶片)后形成产品器官的蔬菜

薯芋类蔬菜、根菜类蔬菜以及白菜类中的结球甘蓝、花椰菜、结球白菜等蔬菜,都是先形成多数叶片,达到一定叶面积以后,再形成产品器官(如马铃薯的块茎、芋的球茎、甘薯的块根、胡萝卜的肉质根、结球白菜的叶球、花椰菜的花球等)。蔬菜进入产量旺期以后,叶的生长便逐渐停止,叶面积基本上不再扩大。根据贮藏器官和贮藏物质的不同,蔬菜可分为2个类型。一类是以变态的根(肉质根、块根等)和茎(块茎、球茎等)为贮藏器官、以碳水化合物为主要贮藏物质的蔬菜,如胡萝卜、萝卜、甘薯、马铃薯、芋、山药等。其施肥技术要点是：以充分腐熟的有机肥作为基肥，早施追肥，慎用追肥。另一类是以变态的叶（叶球）、花（花球）为贮藏器官，以含氮有机物为主要贮藏物质的蔬菜（如结球甘蓝、结球白菜、花椰菜、绿花菜等）。其施肥技术要点是：在施用基肥的基础上，多次施用发棵肥，在叶球或花球开始形成时施充足的肥料。

3.同化器官与产品器官同步发育的蔬菜

同化器官与产品器官同步发育的蔬菜包括茄果类、瓜类、豆类等蔬菜。幼苗长出少数叶片时（如番茄长出 1～2 片真叶、黄瓜长出 2～3 片真叶、菜豆长出 4～5 片真叶时），花芽就开始分化，随后不久便进入开花结果期，但茎、叶生长并不因此而停止，而是营养生长与生殖生长并进。为了保证发棵与结果协调进行，必须保证植株在整个生长期间稳长稳发。其施肥技术要点是：多施基肥，勤施追肥，配合施用氮、磷、钾肥。

（三）卫生保健要求高

蔬菜是一种重要的副食品，需求量较大，因此，人们对蔬菜的安全问题非常关心。从污染性质来看，除了污水、废气以外，肥料是最主要的污染源之一。我国很多蔬菜区都有用污泥作肥料的习惯，但污泥中常含有毒物质（主要是重金属），其含量可高于污水几百至几千倍。尤其令人担心的是，有些有毒物质易在蔬菜植株内富集。以对人体有严重危害的重金属镉为例，根据上海市农业科学院土壤肥料研究所环境保护研究室的盆栽研究发现，在相同的投镉量情况下，青菜的含镉量高出水稻将近 10 倍，萝卜的含镉量高出水稻 5 倍以上，甘蓝的含镉量高出水稻 1 倍以上。但污泥含镉量在 10 毫克/千克以下时，这种差异就小得多。另一方面，我国传统上以人粪尿和家畜粪尿作为有机肥料，而人粪尿中含有大量寄生虫卵和病原微生物（各种细菌和病毒）。将有机肥料改追肥为基肥，以减少蔬菜的生物污染,是一个十分迫切的问题。

三、茄果类蔬菜施肥技术

(一)茄果类蔬菜营养需求特点

茄果类蔬菜包括番茄、茄子、辣椒等茄科作物,以浆果供食用。茄果类蔬菜喜温暖,怕寒冷,不耐热,其生育模式属于营养器官和生殖器官同步生育型,均可育苗移栽,根系比较发达。为了获得优质高产的茄果类蔬菜,在施肥技术上首先要保证苗期对营养的需求,培育健壮秧苗,为提早收获、延长结果期奠定基础。在整个生育期采取综合调控措施,实现营养生长和生殖生长协调进行,以利于结大果、多结果。因此,应根据茄果类蔬菜的需肥规律,既要连续供肥,又要满足不同生育阶段对养分的需求,及时而足量地平衡施肥,从而达到优质高产高效的目的。

1.茄果类蔬菜需肥量高、耐肥力强

茄果类蔬菜在营养生长阶段的需肥量较少,但对氮、磷较敏感,若缺少氮、磷,会影响花芽分化和果实生长。茄果类蔬菜进入营养生长与生殖生长并进的阶段后需肥量逐渐增加,到一、二花序结果时需肥量达到高峰。

2.茄果类蔬菜需氧量高

若土壤中含氧量不足,会阻碍根系对氮、磷、钾的吸收,造成植株生长发育不良。在含氧量 $10\% \sim 15\%$ 的土壤环境中,茄子和番茄对氮、磷、钾的吸收量最高;在含氧量 20% 左右的土壤环境中,辣椒对氮、磷、钾的吸收量最高。

3.不同品种茄果类蔬菜的需肥量不同

番茄需钾、磷量较高,氮次之;茄子和辣椒需钾量较高,氮次之,磷最少(表4-1)。

表 4-1 茄果类蔬菜每 100 千克产量所需养分量

种类	氮(千克)	磷(千克)	钾(千克)	比例
番茄	0.45	0.50	0.50	1 : 1.1 : 1.1
茄子	0.30	0.10	0.50	1 : 0.33 : 1.67
辣椒	0.58	0.11	0.74	1 : 0.19 : 1.28

4.茄果类蔬菜易发生营养失调而引起生理病害

茄果类蔬菜在花芽分化与果实膨大期对水、肥、气、热比较敏感。在花芽分化期,若施肥过量,灌水过多,遇到低温,易形成"乱形果",产生生理病害。在果实膨大期需要充足的氮和磷,以合成大量的碳水化合物,若氮、磷不足,果实易发育受阻,产量降低。

茄果类蔬菜在幼苗期需要氮较多,磷、钾的吸收量相对较少。茄果类蔬菜进入生殖生长期后磷的需要量激增,而氮的吸收量略有减少,前期若氮素不足则植株矮小,磷、钾不足则开花晚,产品质量也随之下降。

(二)茄果类蔬菜施肥技术

1.无公害番茄施肥技术

(1)营养特性 番茄属于茄科作物,喜温不耐热,在生育期的适宜温度为 $15\sim33℃$,白天适宜温度为 $22\sim25℃$,夜晚适宜温度为 $15\sim18℃$,适宜土壤湿度为 $65\%\sim85\%$。番茄属于深根系植物,根系分布较广,再生能力较强,易发新根,适宜移栽。番茄吸收养分的能力较强,除严重排水不良的低洼地外,在一般田地上均可栽培。番茄适合在微酸性和中性土壤上生长,土壤适宜 pH 为 5～7。

番茄是连续开花的蔬菜,生长期较长,产量较高,生长期对养分的需要量较大,吸收的养分以氮、钾为主,吸收的磷较少。每生产1000 千克番茄,需吸收氮 2.5～4.5 千克、磷 0.5～1.0 千克、钾 3.9～5.0 千克。番茄育苗期的氮、磷、钾施用比例为 1∶2∶2,育出壮苗可提早开花,提高结果率。番茄缓苗后生长缓慢,第一穗陆续开花,此时营养生长与生殖生长同时进行,所需养分逐渐增加,进入结果期后需肥量急剧增加。当第一穗果采收、第二穗果膨大、第三穗果形成时,番茄达到需肥高峰期。因此,施肥时在幼苗期应全面供应氮、磷、钾,促进根茎叶的生长和花芽分化,而在第一穗果的盛花期应逐渐增加氮、钾营养。

番茄的营养元素不平衡时易引起生理病害。育苗营养土中的化肥用量过多时,易造成土壤速效养分含量过高,根系吸收的大量养分积累在生长点部位。同时低温也易造成花器畸形。用 2,4－D 或番茄灵蘸花时,如果处理时期太早、浓度太高,会影响种子形成。高温条件下,植株生长过快,氮肥施用量过大会形成空洞果。在果实膨大期,番茄叶片的蒸腾作用会损失大量水分,若水分供应不平衡,果实争夺不到水分,会造成生长受阻,发生脐腐病。另外,由于高温、低温或土壤干燥,钙离子不能被吸收,或土壤中钾、镁离子浓度高时抑制钙离子的吸收,造成果实缺钙(0.15% 以下),也易发生脐腐病。冬季和春季栽培的番茄的脐腐病多发生在第一、二穗果上,主要症状为:番茄在转色期果面不转红,凹凸不平,或果面局部变褐色,横切后可见果肉维管束组织呈黑褐色。发病较轻时,果实部分维管束变褐坏死,果实外形没有变化,但维管束褐变部分不转红。在果实膨大期,透过果实的表皮可以看到网状的维管束,到了收获期网纹仍不消失,这种果实叫"网纹果"。网纹果多出现在气温较高的夏初季节。若土壤氮素多,温度高,土壤黏重、水分多,则植株对养分吸收急剧增加,果实迅速膨大,最易形成网纹果。

(2)施肥技术

①苗床施肥。番茄的苗期营养主要靠苗床土提供,苗床土的养分含量直接影响幼苗的生长。养分含量高时,壮苗的花芽分化早,发育快;相反,养分含量低时,花芽发育慢,花芽分化推迟,着生节位上升,数量减少,影响早熟丰产。因此,对床土的施肥非常重要。床土要用肥沃的菜园土,一般每立方米床土施腐熟的有机肥 5 千克左右,氮肥(N)0.2 千克(相当于 1 千克硫酸铵),磷肥(P_2O_5)0.1~1.0 千克(相当于0.7~7.0 千克过磷酸钙),钾肥(K_2O)0.1 千克(相当于0.2千克硫酸钾)。各地床土情况不一,苗床施肥也不同。番茄苗在生长中后期如养分不足,一般可结合浇水追施稀薄的粪水,可喷施或者浇施 0.1%~0.2%尿素溶液。

在苗期增施二氧化碳肥可显著促进幼苗生长,提高早期产量。一般在番茄 2~3 片真叶展开后,用 800~900 微升/升的二氧化碳肥,连续施用 15~20 天,可明显促进番茄壮苗。

②本田施肥。根据番茄的需肥特点,番茄的本田施肥在培育壮苗的前提下,以基肥为主,一般结合整地每亩施优质有机肥 5000~7000 千克,并配施硫酸铵 15~20 千克、过磷酸钙 40~50 千克、硫酸钾 10~15 千克。我国许多高产田的施肥状况是:每亩施腐熟的农家肥 8000 千克左右(最好是猪粪占 50%,马粪占 35%),45%复混肥 40~50 千克或者硫酸铵 25~30 千克、过磷酸钙 50~75 千克、硫酸钾 12~15 千克。施用时将 2/3 的基肥翻入土中,将 1/3 的基肥施在定植行内。

番茄追肥在定植后进行,一般定植后 5~6 天追一次催苗肥,每亩施氮(N)2~3 千克(相当于 4.3~6.5 千克尿素);第一果穗开始膨大时,追施催果肥,可施氮(N)3~4 千克(相当于尿素 6.5~8.7 千克);进入盛果期,当第一穗果发白,第二、三穗果迅速膨大时,应追肥 2~3 次,每次可施氮 3~4 千克(相当于尿素 6.5~8.7 千克),第一次可分别配施 1.3～2.0 千克磷（P_2O_5）和钾（K_2O），相当于过磷酸钙 9～14 千克和硫酸钾 2.6～4.0 千克，有利于提高果实品质；盛果期过后，根系的吸肥能力下降，可进行叶面喷肥，如 0.3%～0.5% 尿素、0.5% 磷酸二氢钾、0.1% 硼砂等，有利于延缓植株衰老，延长采收期。对于设施栽培下的番茄施肥，要防止施肥过多而引起盐分障碍。施肥时应增加有机肥的投入量，化肥用量可比露地栽培时减少 20%～30%，而且宜少量多次施用，并注意及时灌水压盐，以促进番茄的生长发育。

2.无公害茄子施肥技术

(1)营养特性 茄子在各地的种植面积较大，是我国北方夏季和秋季的主要蔬菜品类之一。茄子属于茄科植物，喜温耐热，生育期的适宜温度为 25～30℃。茄子为强光短日照植物，短日照有利于开花结果。茄子的根为直根系，根系可深达 200 厘米，横向伸长 100～150 厘米，主要根群分布在 30 厘米土层内。茄子在生长发育过程中，根系木质化较早，产生不定根的能力较弱，所以，移栽时苗龄不宜太大，并尽量避免伤根。茄子植株的分枝能力很强，结果潜力大，每一次分枝结一层果实，越到上层果实越多。按果实出现的先后顺序，习惯上称之为"门茄"、"对茄"、"四母斗"、"八面风"、"满天星"。

茄子对土壤的理化性状要求不严，但最适宜种在土层深厚、土质肥沃、保肥保水力强、pH 6.8～7.3 的黏壤土上。轮作时忌与茄科作物连作，一般要求隔 3～5 年轮作一次，以免受到潜伏在土中病害（如黄萎病、立枯病等）的侵染。

茄子喜肥且比较耐肥，比番茄、黄瓜的需肥量大。它对肥料的需求量以氮最多，钾次之，磷较少。当氮供应充足时，茎叶粗大，生育旺盛；缺氮情况下，初期对茎部生长影响不大，但下部叶老化、脱落，如果及时补充则很快恢复。缺氮时间较长时，叶色淡黄，茎枝细弱。氮对花果的影响也很明显，氮不足时长柱花减少，生育后期开花数减少,花质降低,开花结果日期推迟,结果率下降,严重减产。氮素在茄子植株各部位的大致分布比例为:叶子占21%,茎占9%,根占8%,采收的全部果实占62%。可见,果实膨大期需要大量的氮肥。但是,如果氮素过多,会使养分在花芽中过多地积聚,出现畸形果。茄子在幼苗期需磷较多,磷能促进根系发育,使茎叶健壮,提高定植苗的成活率,使花芽分化提前,若磷不足,则花芽发育迟缓或不能结实。据研究,当土壤有效磷含量为200毫克/千克时,增施磷肥可使茄子增产,但是施磷过多易造成果皮硬化,影响品质。钾能促进植株生长健壮,提高其生理抗逆能力,减少病害发生。缺钾也会延迟花的形成。在茄子的生育中期,吸钾量与吸氮量相近,但到果实采收盛期,吸钾量则明显增多。根据试验统计,每生产1000千克茄子,需吸收氮2.62~3.3千克,磷0.63~1千克,钾3.1~5.1千克。茄子对肥料三要素的吸收量随着植株生长而增加,苗期吸收氮、磷、钾的量分别占总量的0.5%、0.07%和0.09%,初花期至末果期的吸收量占总量的90%以上,其中盛果期的吸收量占总量的2/3。

当地温低、肥料多时,会影响茄子对硼的吸收,茄子嫩叶中的花青素显得很浓,而且嫩芽顶端常呈现钩状弯曲。土壤过湿或氮、钾、钙过多时,还会诱发缺镁,其症状是叶片主脉附近易褪色变黄;缺钙或肥料过多时,易引起锰过剩,其症状是果实表面或网状叶脉褐变,呈铁锈状;铵态氮过多、钙不足时,会产生矮胖型劣果。

茄子结果具有周期性,一次旺盛结果后,有一个间歇期。在整个结果期内有2~3个周期,周期的长短与施肥量、采收果实的大小和数目等有关。合理增施肥料可使周期缩短,提高产量。

(2)施肥技术　根据养分平衡原理,植株只有在各种养分的吸收量达到生理平衡以后,才能正常生长发育。一旦养分比例失调,植株就不能正常生长,出现生理障碍。所以,在生产中应根据茄子对各养分的需要量、茄子的栽培方式进行合理施肥。

①苗床施肥。对茄子苗床施肥的主要目的是培育壮苗,促进花

芽分化,为丰产打下基础。因此,在茄子育苗过程中,要注重肥料的配比施用,以确保茄子苗期的营养需要。一般生产上每平方米施入5千克猪粪、10千克人粪尿、0.15千克过磷酸钙,制成营养土进行育苗。苗床应选在地势干燥、通风、排水良好、前茬未种过茄果类作物的地块。播种前应将苗床浇透水,待水分渗下后撒一薄层细土,然后均匀播种。播种后盖上细土,并覆盖地膜以保持湿度,提高地温,促进出苗。在移苗和定植前施一次追肥,结合浇水进行,化肥要在溶解后施用,人粪尿要在充分腐熟后施用,避免产生肥害和气害。

②大田施肥。茄子是喜肥耐肥作物,生育期较长,为了获得高产,要施足基肥,看苗追肥,结果以前少施氮肥,结果以后逐渐增加施肥量,特别是在采果盛期要增加肥水供应量。施用基肥时,每亩施入腐熟有机肥2500~3000千克,结合深翻入土,并加施三元素复混肥50千克。定植后可用7.5千克碳酸氢铵加3.5千克过磷酸钙兑水浇根,作提苗肥。以后按茄子生长情况适时追肥,一般可每次追施尿素10~25千克,兑水或打孔施入,或施500~1000千克稀粪水。此外,在现蕾期、初花期、结果期、采收初期各喷施一次0.25%磷酸二氢钾,可增强植株的抗病能力,延长叶片的功能期,改善品质。

需要指出的是,大棚栽培时因棚内温度高,所施有机肥必须充分腐熟,并在栽种前10~15天施用,以免产生气害及伤根。追肥时若土壤干燥,应结合浇水施用,以防产生肥害。

3.无公害甜椒施肥技术

(1)**营养特性** 甜椒不耐高温也不耐低温,在不同的生长阶段,对温度的要求不一样,从子叶展开到5~8片叶时,温度过高或过低均会影响花芽分化,最后影响产量。种子发芽需要的适宜温度为25~30℃;茎叶生长发育的最适温度为27℃,夜间的最适温度为20℃左右。温度太低则枝叶生长缓慢,温度太高则枝叶生长过旺,影响开花结果。初花期植株开花授粉的适宜温度为20~27℃;温度低于 15℃时植株生长缓慢,落花落果;温度高于 35℃时,甜椒花发育不全,或柱头干枯,所以在夏季高温时,甜椒往往不坐果。结果期土温过高时不利于甜椒根系发育,可使甜椒根系变褐,严重时死亡,同时诱发病毒病。

甜椒是中光性植物,对光照要求不严。甜椒耐弱光的能力较强,怕暴晒。尤其是露地甜椒,在封垄前暴晒易使根系发育不良,甚至引起病毒病和日烧病。

甜椒是较耐旱的茄果类植物,幼苗期的需水量较小,移栽后随着植株生长,需水量加大。初花期的需水量增加,尤其果实膨大期,需要有充足的水分。甜椒适宜的空气相对湿度为 60%～70%,若湿度过大或过小,则容易引起病害。

幼苗期如甜椒植株较小,需肥量少,则需施腐熟的有机肥。幼苗期养分供应充足时,氮肥和磷肥对幼苗发育和花的形成有显著影响。磷素不足时,花发育不良且发育迟缓,花量少并形成不能结实花。当肥料养分供应充足时,幼苗中的碳水化合物含量高,特别是糖和含氮化合物含量高,容易形成花芽,有利于甜椒的花芽分化。因此,苗期供给优质的全营养肥料是培育健壮植株的关键,是无公害甜椒生产的基础。初花期甜椒的枝叶开始生长,需肥量并不高,可适当施用一些三元复合肥,促进根系发育。此时,若氮肥供应过多,容易引起植株徒长,推迟开花结果,使枝叶细嫩,容易感病。初花后,植株对氮肥的需求量增加,氮肥充足时,花果不易脱落,若氮肥不足,会影响各种激素的合成,引起落花落果。甜椒在盛花坐果期对氮、磷、钾的需求量增加,氮肥主要用于促进枝条生长发育,磷、钾肥用于促进植株根系生长和果实膨大,增加果实的色泽。在盛果期采收甜椒时应适量补充养分,肥料以氮、钾肥为主。每生产 1000 千克甜椒需要氮 3.5～5.4 千克、磷 0.8～1.3 千克、钾 5.5～7.2 千克。

(2)施肥技术 辣椒栽培主要以育苗移栽为主,苗床土的养分对幼苗的生长影响很大。根据研究,床土的速效氮含量为 50～100 毫克/千克,速效磷含量在 50 毫克/千克以上,并含有较丰富的钾时,才能使苗健壮生长。因此,要对育苗土施足肥料,一般每立方米床土可用粪肥 5～10 千克,加 45％复混肥 1 千克左右。当幼苗展开 1～2 片真叶时,可浇施 10％人畜粪水或 0.1％尿素液。在苗期视椒苗长势补施 1～2 次追肥。

辣椒的本田施肥分基肥和追肥,而且因栽培类型而异。对于露地栽培来说,施足基肥相当重要,高产田块每亩可施优质有机肥 5000～8000 千克,相当于过磷酸钙 36～57 千克和硫酸钾 24～30 千克。基肥的 60％在整地时施入,40％在定植时条施。

辣椒的追肥主要在初花期以后施用,当第一果实直径为 2～3 厘米时,应追 1～2 次氮肥,每次每亩施氮肥 3～4 千克,折合尿素6.5～8.7 千克。当辣椒短枝分生增多、秧果繁茂、进入果实盛产期时,应重施追肥,一般用 25％复混肥 40～50 千克,并结合培土追施有机肥 1000～1500 千克。以后每采收一次,追施适量肥料。可将肥料兑水浇施,也可以进行叶面喷施,这样可以保证不断采收辣椒、辣椒不断开花结果,从而延长采收期,提高产量,改善品质。

四、瓜菜类蔬菜施肥技术

(一)瓜菜类蔬菜营养需求

瓜菜类蔬菜是指葫芦科中以采收嫩果或老熟果为产品的一类蔬菜,包括黄瓜、南瓜、冬瓜、西葫芦、苦瓜等。瓜菜类蔬菜的生长周期可分为发芽期、幼苗期、开花期和结瓜期。

瓜菜类蔬菜多属于喜硝态氮肥作物,在开花前吸收养分很少,在结果期吸收养分很多。此类蔬菜需钾、钙量最多,氮、磷次之,再次是镁。瓜菜类蔬菜在幼苗期吸收氮较多,以后随根系的快速生长需磷较多,结瓜初期对钾的吸收量猛增,结瓜盛期对氮、磷、钾的吸收量达到高峰。

瓜菜类蔬菜一般适宜在肥沃的沙壤土或黏壤土上生长,这种土壤能缓解瓜菜类蔬菜的根系喜湿而不耐涝、喜肥而不耐肥等矛盾。在露地和棚室生产瓜菜类蔬菜时,多采用优质腐熟有机肥作基肥,分期追施有机肥和无机肥,增产效果很好。

瓜菜类蔬菜的育苗营养土要求质地疏松,透气性好,养分充足,pH 在 5.5～7.2 范围内,配制方法参照番茄的营养土配制方法。在营养土配制时,加入营养土总量 2%～3% 的过磷酸钙,对秧苗根系生长、培育壮苗有促进作用。在幼苗移栽时,每亩用 2 千克微生物菌剂穴施或蘸根,能刺激根系生长,提高缓苗成活率,培育壮苗。

(二)瓜菜类蔬菜施肥技术

1.无公害黄瓜施肥技术

(1)营养特性 黄瓜属于浅根系植物,根系入土浅,主要根系分布在 15～25 厘米的根层中。根系的再生能力弱,吸收能力差,对氧气含量要求严格。表层土壤中空气充足,有利于根系的有氧呼吸。定植黄瓜时宜浅栽。黄瓜不耐旱,耐盐能力差,喜肥但不耐肥,适宜种植在中性至偏酸性土壤上。

黄瓜对营养元素的需求量较多,每生产 1000 千克黄瓜需要氮 2.7～4.1 千克,磷 0.8～1.1 千克,钾 3.5～5.5 千克。黄瓜具有选择性吸收的特性,施用硝态氮时,黄瓜叶色变浓,叶片变小,生长缓慢,使钙、镁的吸收量降低。

研究表明,定植 30 天后,黄瓜对氮素的吸收量最大,其中以叶片吸收的氮量最多;定植 50 天后,叶、果吸收养分的量大致相同;定植 70 天后,大部分养分被果实吸收。黄瓜缺氮时,植株生长缓慢,发育不良,茎叶细小,下部叶片黄化,雌花呈淡黄色,短小弯曲。黄瓜严重缺氮时,根系不发达,吸收能力差,花芽分化不良,易落花落果,畸形瓜多,产量和品质下降。氮肥过量时,黄瓜的上部叶片变小,叶缘反卷呈伞形,叶色浓绿,植株茎叶徒长,花芽分化延迟,生长点逐渐停止生长,易出现"花打顶"的现象。氮素过多、磷钾素不足时易产生苦味瓜,氮肥过多、灌水过量、营养生长太弱或过旺时易化瓜。

黄瓜在苗期对磷素比较敏感。幼苗期缺磷时,子叶淡黄下垂,真叶浓绿而发育不良。黄瓜的需钾量较高,若钾素不足,会出现"大肚瓜";多氮多钾、缺钙缺硼时,易出现"蜂腰瓜";土壤盐分过高时,易出现"尖嘴瓜"。

(2)施肥技术

①苗床施肥。黄瓜的栽培一般采用育苗移栽的方式,常用营养钵或苗床育苗。由于黄瓜根系分布于浅土层内,需氧量高,幼苗不耐高浓度养分,因此对床土的疏松度和速效养分含量要求较高。关于床土或营养土的配制,可根据各地有机物资源情况而定。中国农业科学院蔬菜研究所试验发现,利用草炭土培育的黄瓜幼苗生长健壮,叶色浓绿,可提早发育,且白粉病害较轻。用草炭土育苗的黄瓜比用土育苗的黄瓜单株增产21.7%,尤其对提高早期产量的效果更为明显。草炭营养土的主要配方(体积比)如下:

· 底层草炭 60%,腐熟堆肥 20%,肥沃土 10%,鲜牛粪 5%,锯末 5%。

· 底层草炭 60%,腐熟厩肥 20%,肥沃土 13%,鲜牛粪 7%。

· 风干草炭 75%,腐熟厩肥 20%,牛粪 5%。

由于草炭的有效养分含量不高,需加入一定量的肥沃土及适量的有机肥和化肥,以满足黄瓜幼苗对速效养分的要求。加入少量牛粪可以起到一定的黏结作用。最好将草炭、厩肥(堆肥)、肥沃土等按上述比例混匀后进行短期堆沤,在播前每立方米加入硝酸铵 1 千克、过磷酸钙 1.0~1.5 千克、氯化钾 0.5~0.8 千克、石灰 1 千克(用于中和草炭的酸性)。在没有草炭资源的地区可采用混合营养土育苗。混合营养土的配方一般为肥沃土壤 6 份,腐熟厩肥 4 份,混匀过筛,再在每立方米营养土中加入腐熟细碎的鸡粪 15 千克,过磷酸钙 2 千克,草木灰 10 千克,50%多菌灵可湿性粉剂 80 克,充分混匀。将营养土铺于床内,或制成营养钵、土块囤于苗床内。然后灌透水,待水下渗后,按(7～8)厘米×9厘米的行株距播种,或每钵(块)播种1粒,并按粒覆细土。

②本田施肥。

· 基肥。黄瓜适于在通气良好的疏松土壤上生长。当土壤有机质含量低于1.5%时,黄瓜产量随土壤有机质含量的增加而提高。一般露地土壤腐殖质年矿化消耗量约为2000千克/亩,保护地栽培时土壤腐殖质年矿化消耗量高于露地。所以,黄瓜对有机肥的反应良好,大量增施有机肥对提高黄瓜产量与品质的效果显著,尤其是对于早春黄瓜露地栽培和保护地栽培,施用大量有机肥对提高地温和维持土壤肥力具有重要作用。露地栽培时,一般每亩施有机肥4000～5000千克作为基肥,有机肥可供给土壤总氮量15～20千克。基肥也可以是有机肥与含氮化肥相结合,其中有机肥中的氮占1/2～2/3,化肥中的氮占1/3～1/2。将上述有机肥耕施均匀后,按行开沟,每亩再沟施优质厩肥1000～2000千克,或饼肥100～200千克,将其施于沟底,并与土混合、整平,以备定植。一般保护地的施肥量比露地栽培时多,每亩施有机肥8000～10000千克作基肥。冬季时地温低、阳光弱、肥料分解慢,施肥量应多些,春季栽培时施肥量可减少10%～20%。

· 追肥。黄瓜幼苗耐受土壤溶液浓度(0.034%)的能力比成株(0.05%)低,所以,追肥应掌握少量多次的原则,并根据天气、土壤干湿、肥料种类和黄瓜不同生育期的需肥特点等情况灵活运用。

在黄瓜苗定植后,为了促进缓苗和根系发育,可结合缓苗水施入少量的氮肥和磷肥,或追施20%稀薄人粪尿,然后蹲苗。也可在浇缓苗水前开沟施入质量较好的有机肥,然后浇水、中耕。

在定植成活到抽蔓初花期,植株吸收的养分只占全生育期总吸收量的10%左右,只需追施20%～30%的人粪尿2～3次。此期如不节制施肥,反而会造成幼苗徒长,坐果不多,以至发生化瓜现象。

进入结果期后,黄瓜吸收的养分占总吸收量的70%～80%,所以在根瓜坐果后要追重肥,特别是在盛果期,果、叶旺盛生长,需肥量增加。据测定,在采收盛期,一株黄瓜一昼夜大约吸收氮 2.4 克、磷 2.74 克、钾 4.5 克,而且养分大多运至果实,茎、叶中养分含量下降。在根瓜开始膨大直到果实采摘末期,要多次追肥,以促进叶面积的增加,满足根系健壮生长、雌花形成和果实膨大的需要。一般每亩产 5000 千克以上黄瓜的田地,需追肥 8～10 次。追肥以速效肥料为主,化肥与人粪尿间隔施用,一般每采收 1～2 次追肥一次,每次每亩施氮肥 3～4 千克。除增加氮素营养外,也要配合施用磷、钾肥。

保护地栽培黄瓜时应施足基肥,基肥施氮量应占总施氮量的 1/3,追肥施氮量应占 2/3;追施化肥时,高畦栽培的可撒在沟中,平畦栽培的要避开根际,均匀撒施,每次每亩施氮量不超过 4.5 千克,应掌握多次少量的原则,结合灌水进行追肥。此外,在保护地栽培黄瓜时,增施二氧化碳气肥对黄瓜有明显的增产效果。在定植前的幼苗期施用二氧化碳,能增产 10％～30％,如在开花结果期继续施用,可使黄瓜早期产量增加 30％～40％。

2.无公害甜瓜施肥技术

(1)营养特性　甜瓜属于直根系作物。甜瓜根系发达,根系生长的适宜温度为 22～30℃,温度在 40℃以上或 14℃以下时根系停止生长。甜瓜根系的好氧性强,宜在土壤疏松、通气性良好的田地栽培。根系生长的适宜土壤 pH 为 6.0～6.8,较耐盐碱。

甜瓜各时期的营养特性如下所述。

①发芽期:从种子萌动到第一片真叶显露为发芽期。甜瓜在此期内对氮、磷、钾的需求量较小,以氮肥为主。

②幼苗期:从第一片真叶显露到第五片真叶显露为幼苗期。甜瓜在此期内对氮、磷、钾的吸收以氮为主。

③膨瓜期:从果实"褪毛"到"定个"为膨瓜期。此期内果实生长旺盛,植株对氮、磷、钾的吸收量迅速增加,其中以吸收钾为主。膨瓜

期是决定产量高低的关键时期。

④成熟期:从果实"定个"至成熟为成熟期。此期内果实重量稍有增加,果肉中发生大量的物质转化,果实中的含糖量大幅度增加。

(2)施肥技术

①基肥。基肥以充分腐熟的人粪尿、堆肥、饼肥等有机肥为主,并配施磷、钾、钙等化肥,采用沟施或穴施。一般基肥用量为每亩施厩肥、堆肥或塘泥等有机粗肥 2500～10000 千克、过磷酸钙 20～30 千克、草木灰 250～300 千克,若施有机细肥,则在北方施大粪干约 500 千克,在南方施粪尿约 10000 千克。

厚皮甜瓜的生长密度较大,不宜追肥,一般采用一次性施足基肥的方法。其基肥以优质有机肥和氮、磷、钾肥为主,充分腐熟的鸡粪、羊粪、饼肥等都是比较好的甜瓜肥料。腐熟有机肥的用量一般为 5000 千克/亩。可将 2/3 的肥料在整地前撒施,然后深翻土壤,深度不小于 30 厘米,翻后将土表整平,起垄时将剩余 1/3 的有机肥与氮磷钾复合肥 30～50 千克/亩配合施用。

②追肥。幼苗期追肥一般在 5～6 片真叶期摘心后进行,以氮肥为主,适当配施磷、钾肥,一般每亩施腐熟豆饼或油渣 100 千克或复混肥 15 千克,环状施于离根 10～15 厘米处,盖土后浇水,促使茎叶旺盛生长。在甜瓜坐果后追第二次肥,一般每亩追施尿素和硫酸钾各 10 千克或复混肥 20 千克,可在沟内随水浇施。在膨瓜期根外追施 0.3%磷酸二氢钾 2～3 次。

甜瓜比西瓜的蒸腾作用强。土壤中的水分含量与植株生长和果实肉质的关系十分密切。果实膨大的前中期是甜瓜一生中需水量最大的时期,这时土壤湿度应维持在最大持水量的 80%～85%。果实停止膨大进入成熟期时,糖分迅速积累,植株需水量减少,应减少或停止灌水,使土壤含水量维持在最大持水量的 55%～60%。如果水分过多,会促进茎叶生长,减少光合产物向果实转运,使果实的含糖量降低,风味变淡,并使果实延迟成熟,也不耐贮运。

3.无公害冬瓜施肥技术

(1)营养特性　冬瓜又名"白瓜"、"水艺",是葫芦科冬瓜属一年生攀缘草本植物,在我国南北地区均有栽培,而在南方栽培较多。

冬瓜的根系强大,主根和侧根都很发达。茎蔓生,分枝能力强。中下部每节可抽出侧枝,5～6节后开始着生卷须。果实为瓠果,形状和大小因品种而异,一般有长椭圆形、圆形、扁圆棒形。果皮绿色,成熟前表面有白色茸毛,成熟后茸毛逐渐脱落。

冬瓜对土壤的适应较强,在各种土壤中均可种植,适宜的土壤pH为5.5～7.5。

冬瓜在整个生育期内对钾的吸收量最大,氮、磷次之,对钙的吸收量则介于氮和磷之间。据研究,每生产1000千克冬瓜需氮1.3～2.8千克,磷0.5～1.2千克,钾1.5～3.0千克。冬瓜对营养的吸收量随生育过程的进行而逐渐增加。发芽和幼苗期的吸收量很少,抽蔓期的吸收量也不多,开花结果期的吸收量占总吸收量的90%以上,分别占总氮的98%、总磷的98.5%、总钾的97.4%。植株对磷的吸收量虽然少,但磷在果实中的分配率很高。冬瓜消耗的水分多,需水量大,适于在湿润的土壤中生长,但不耐涝。冬瓜抽蔓以后,根系的吸收能力强,一般靠根系自身吸水即能满足植株生长的需要。

(2)施肥技术　对冬瓜施肥应保证氮、磷、钾齐全,氮、钾的比例稍高,且钾高于氮。应避免偏施氮肥,尤其在阴雨天,偏施氮肥容易引发病害。

①苗床施肥。冬瓜苗床土的配制和育苗与黄瓜基本相似,只是冬瓜幼苗生长缓慢,苗期比黄瓜的苗期长,需要较高温度。因此,床土中要掺入较多的腐熟有机肥,使床土疏松肥沃,并能较长时期供给幼苗养分。

②本田施肥。

·基肥。冬瓜的需肥量大、耐肥性强,应施足基肥,特别是在冬瓜生长盛期以及雨水多而不便追肥的地区，施足基肥尤为重要。一般每亩施腐熟有机肥3～4吨或腐熟禽、畜、人粪尿1吨左右，土杂肥5吨，磷肥7.5～8.5千克。由于冬瓜的生长期长，基肥应分层施入，可满足植株不同生育期对养分的需求。

·追肥。根据冬瓜的生育规律，其追肥的原则是苗期采用小水淡肥以保全苗，当植株由营养生长转向生殖生长时，要适当控制营养生长，以利坐果；当果实坐住后，要大量供应养分。追肥比例为：抽蔓以前占30%～40%，开花结果期占60%～70%。开花结果期的肥料应在结果前期和中期施完，以防营养生长过旺，影响结果。

从定植成活后到出现雌花前，可追施10%～30%腐熟粪水4～5次，也可以在瓜苗5～6片真叶时开沟施肥，每亩施粪干500～750千克，以促进蔓叶生长。此期内如果施肥过浓或过多，容易使叶色浓绿、节间短缩且蔓尖发黄。从雌花出现到坐果前，宜适当少施肥水。若基肥充足、植株生长旺盛，甚至可以暂停追肥。在坐果后的果实迅速膨大期应重施追肥，特别在此阶段的前半期，要施40%～50%的腐熟人畜粪肥，每4～6天施一次。喷施0.2%的磷肥1～2次，能加速果实膨大。在果实膨大的中后期，宜淡粪勤浇，每次浇透。追肥时要注意，在大雨前后不施，不偏施速效氮肥，尤其不偏施高浓度氮肥。如遇高温干旱天气，需引沟灌水，速灌速排，经常保持土表湿润，以使果肉增厚。在采收前7～10天应停止肥水供应，降低土壤湿度，以提高冬瓜的品质及耐贮运性。

五、根茎类蔬菜施肥技术

（一）根茎类蔬菜营养需求

根茎类蔬菜包括萝卜、胡萝卜、大头菜、芜菁甘蓝等，以肥大的肉质直根供食用，喜好冷凉气候，在低温长日照条件下生长发育快。肉质根适宜在冷凉的环境中膨大，在气温由高到低的条件下，较易获得高产。

根茎类蔬菜的生长期长,产量高,需肥量大,适于在土层深厚、肥沃、疏松、排水良好的沙壤土中栽培。

根茎类蔬菜的生长发育可分为营养生长和生殖生长2个阶段。种子萌发后,幼苗期地上部生长缓慢,吸收养分较少。根茎类蔬菜在地上部迅速生长期、根茎膨大期的吸肥量达到高峰。在生长后期,生长速度再次减缓,吸肥量也逐渐减少。试验表明,钾对根茎类蔬菜的产量影响很大,钾可促进叶部合成的糖向根部转移。幼苗期的需氮量最大,其次为磷,到根茎膨大期时需钾最多,氮次之,磷最少。生长后期的氮不能过量,否则会导致地上部徒长。根茎类蔬菜对氮、磷、钾吸收的比例为 $1:(0.31 \sim 0.52):(0.83 \sim 1.61)$。根茎类蔬菜需硼较多,缺硼会对根部膨大产生不良影响。

(二)根茎类蔬菜施肥技术

1. 无公害萝卜施肥技术

(1)**营养特性**　萝卜是十字花科萝卜属一年生或二年生草本植物。萝卜在我国栽培的范围非常广泛。萝卜耐贮藏、运输,供应期长,是我国北方冬季的主要蔬菜之一。

肉质根是萝卜产品营养物质的贮藏库。萝卜的主根很深,一般为50厘米,大型萝卜的主根可深达2米,而细根却浅,分布在20～40厘米的疏松耕作层内。肉质根的形状有长圆形、圆锥形、扁圆形等,根的颜色有白、绿、红、紫等。萝卜的茎在营养生长时期为短缩茎,在生殖生长时期抽生为长的花茎。一般要经过一定温度、光照诱导,才能使顶芽抽生花芽。萝卜的叶在营养生长时期丛生于短缩茎上,其形状有花叶形和板叶形,叶色有浓绿、亮绿、墨绿之分,叶的形状、大小、色泽与品种有关。

从种子萌动发芽到肉质根肥大的整个过程为萝卜的营养生长阶

段,该阶段是形成产量的时期。营养生长时期可分为种子萌动期、幼苗期、叶生长盛期和肉质根生长期。

种子萌动期的营养物质主要来自种子内贮藏的养分,此期内幼芽对肥料的吸收量很少。从第一片真叶展开到萝卜"破肚"为幼苗期。"破肚"是这一时期最典型的特征,也是肉质根开始加粗生长的标志。在幼苗期,随着肉质根细胞的增大,肉质根也随之不断加粗,但由于外层的皮层不能相应地膨胀,从而造成肉质根外皮层破裂,这一现象称为"破肚"。幼苗期是幼苗迅速生长的时期,要求有充足的营养及良好的光照、土壤条件,应勤施氮肥,以促进苗齐苗壮。

叶生长盛期又称"肉质根生长前期"。这一时期的显著特征是"露肩"。随着叶的生长和肉质根的不断膨大,根肩高于地面,并且粗于顶部,称为"露肩"。在这一时期,叶数不断增加,叶面积迅速扩大,同化产物增多,根系吸收的水分和营养也增加。肉质根加粗生长与伸长生长同时进行,但是这一时期仍以地上部分的生长为主。在这一时期内,根系对氮的吸收量比前期增加了 3 倍,而钾的吸收量增加了 6 倍。在叶生长盛期的初期和中期应增施肥水,以促进形成大的莲座叶,后期追施复合肥料,为接下来的肉质根生长打下良好的基础。

肉质根生长期是肉质根生长最快的时期,也是形成产量的最后时期。此期内地上部分生长较地下部分生长缓慢,大量同化物向地下部分转移。土壤中的营养物质大量转移到肉质根中,因而这个时期需要有大量的水肥供应,以维持肉质根的迅速生长。

由于萝卜是深根作物,所以栽培萝卜的土壤以富含有机质、土层深厚、排水良好、疏松通气的沙壤土为好。耕层过浅、坚实,土质黏重、砂石过多时,易使肉质根发生分叉,产生畸根。在各个生长期中,萝卜在肉质根生长期吸收的营养元素量最多;在整个生育周期内,萝卜对营养元素的吸收量以钾为最多,吸收氮、磷、钾的比例约为 1:0.2:1.8。所以,对萝卜施肥时不应施用过多氮肥。

(2)施肥技术 萝卜从土壤中吸收的营养元素因肥料品种、栽培条件而异。试验结果表明,每生产1000千克萝卜需要从土壤中吸收氮4~6千克、磷0.5~1千克、钾6~8千克、钙2.5千克、镁0.5千克、硫1千克。同时,施肥量受前茬肥料施用情况、土壤类型、供肥能力、计划产量、肥料品种及其利用率等因素的影响。在有条件的地方,最好利用测土施肥技术来确定施肥量。

①基肥的施用。基肥用量应视土壤类型、栽培品种而定。一般每亩施用腐熟的有机肥3000~4000千克,尿素15千克左右(约占全生育期氮素施用量的1/3),过磷酸钙和硫酸钾各10千克或钙镁磷肥10千克,草木灰100千克,硼0.5千克。在第一次土壤翻耕后,将这些肥料均匀地撒在地面,再进行第二次翻耕,然后施入腐熟晾干的人粪尿肥2500~3000千克,并耕入土中,耙平做畦。基肥中应多施有机肥,因其所含矿质元素种类较全面,有效供肥时间长,且能改善土壤的理化性质,有利于肉质根生长。有机肥缺乏会导致萝卜带有辣味,降低产量和品质。因此,一定要注意有机肥的施用,不可施用未腐熟的粪肥,以免损伤幼苗的主根。北方不少地区在施土杂肥时,会增施一定数量的饼粕,可以使肉质根组织充实,在贮藏期间不易空心。

②追肥的施用。在萝卜生长发育期间可根据具体情况进行追肥,追肥一般以速效性氮肥和速效性钾肥为主,追肥次数与数量因品种的生长期而异。对于基肥充足而生长期短的品种可以少追肥;对于生长期长的品种需分期追肥,肥料浓度由低到高,追肥应在地上部旺盛生长前半期完成。追肥过晚或氮素浓度过高,会引起叶片徒长,使肉质根产量降低。追肥一般分3次进行。第一次追肥通常在幼苗期进行,追肥量要少,因幼苗较小,要防止因施肥过多而烧苗。通常每亩追施氮素1.5千克左右,开沟条施或穴施。第二次追肥在肉质根膨大前期(叶生长盛期)进行,此期以追施氮肥为主,配施钾肥,每亩追施氮素2.5千克、钾素2~2.5千克。氮、钾肥应分开施或施在不同位置。第三次追肥在肉质根膨大盛期进行,以钾肥为主,配合施

少量氮肥,每亩施钾素 5 千克左右、氮素 2.5 千克,开沟条施或穴施。这一时期氮肥的施用量视植株长势而增减,防止因氮肥过多或施得过晚而造成肉质根破裂或产生苦味,从而影响萝卜品质。对于大型秋冬萝卜,因其生长期长,当萝卜"露肩"时,每亩追施硫酸铵 15～20 千克;"露肩"后每周喷 1 次 2%～3%过磷酸钙,可以增加产量。

在新垦地和酸性土壤上种植萝卜,要全面撒施石灰,并且每 1000 米² 撒施 1.5 千克硼砂,深耕入土,以防发生缺硼症。也可在幼苗期对叶面喷施硼肥,可用 0.1%～0.3%硼砂或硼酸溶液。在萝卜生长过程中,土壤干旱、盐分过大或施肥过多,容易导致产生缺钙症和缺硼症。以上缺素症的防治措施有:及时灌溉,对叶面喷施 0.5%以下的氯化钙溶液、0.1%～0.3%的硼砂或硼酸溶液。

2.无公害根用芥菜施肥技术

(1)营养特性 根用芥菜和萝卜一样,产品器官是肥大的肉质直根,其根头部分较大,上面着生叶片,生长期为 80～100 天。根用芥菜的生长期分为发芽期、幼苗期、肉质根膨大前期和肉质根生长盛期。肉质根膨大期的适温为 2～10℃。根用芥菜一般在第一年秋季形成产品器官,翌年春季抽薹、开花、结籽,但有时因品种不纯等原因,也有未熟抽薹的现象。生产中要及时摘除花薹,以免影响肉质根的产量和品质。根用芥菜各阶段的发育特性与萝卜基本一致,可参阅相关内容。

根用芥菜为半耐寒性蔬菜,在平均气温为 24～27℃的条件下能正常生长,在 0～10℃的霜期也不受冻。一般根用芥菜长到 12～13 片叶时,停止长新叶,直根迅速膨大。在 10～20℃的适温下,直根生长快,品质好。根用芥菜在生长过程中喜充足的光照和疏松肥沃的土壤,对土质要求不高,在一般土壤中均可栽培;在有灌溉条件的山地也可栽培,而且产量和品质较高。根用芥菜生长的适宜土壤 pH 为 6～7。

根用芥菜的产品器官是肥大的肉质直根,它对营养元素的吸收规律及不同营养元素所起的作用与萝卜相同。发芽期要靠种子自身的营养物质提供养分,幼苗期对氮、磷、钾的吸收量逐渐加大,肉质根膨大前期对各种养分的吸收量急剧增加,肉质根生长盛期对氮、磷、钾的吸收量达到高峰。

(2)施肥技术

①基肥的施用。根用芥菜喜疏松肥沃的土壤,因而基肥中要多施有机肥,一般每亩可撒施腐熟农家肥 3500～4000 千克、草木灰 150 千克、过磷酸钙 25 千克。施肥后深翻整平,然后做垄,垄不宜过高和过宽,否则不易浇透水。在垄上开浅沟播种,覆土后稍加镇压,以利于种子吸水出苗。

②追肥的施用。根用芥菜在生长发育期间可视具体情况追肥 2 次。氮肥应适当早施,并配合追施钾肥。追肥偏晚、氮肥偏多,易使植株叶片生长过盛,影响肉质根的膨大。根用芥菜在 5～6 片真叶时定苗,定苗后追肥 1 次,每亩施硫酸铵 10～15 千克,追肥后浇 2 次水,再中耕除草 1～2 次。肉质根开始迅速膨大时,再追肥 1 次,每亩用硫酸铵 10 千克、草木灰 100 千克或氮磷钾复合肥 15～20 千克。追肥后划锄并适当培土,然后浇水。另外,在幼苗期可对叶面喷施 0.1‰～0.25‰硼砂溶液、0.02‰～0.05‰硫酸铜溶液,在"露肩"后每周对叶面喷施 1 次 2%过磷酸钙,有显著的增产作用。

3.无公害莴苣施肥技术

(1)营养特性 莴苣在不同生育期对营养元素的需求有所不同。结球莴苣在幼苗期为了能顺利地吸收养分和水分,需尽量扩大叶面积,提高光合作用能力,增加干物质产量,以促进叶片的分化和发育。温度过高能提高光合作用能力,但也增加了呼吸量,减少了干物质产量,同时干物质向地上部分分配增多,致使根群生长衰弱。为了促进干物质向根群的分配以及叶的分化,在 20℃的生长适温下,要使氮、磷充分被吸收,同时不能缺钾。如果氮钾比例适当,则可确保物质向根部分配;如果仅氮素吸收较多,则干物质向地上部分分配增多,易引起植株徒长。

莴苣在发棵期继续进行前期叶片的分化、发育,要使植株充分吸收水分和养分,进行干物质的生产,要使氮钾平衡比倾向钾的一侧,以利于根系生长、叶重增加和叶球形成。此期要促进生长达到最适叶面积指数,保持群体最高的光合作用能力。若只提高氮素肥效,则叶片中含氮量增高,光合作用也增强,但若出现日照不良、干燥或高温等条件时,就会使结球迟缓或影响结球。结球期是叶球充实膨大期,此期内要继续维持发棵期最适叶面积指数和群体的光合作用能力,确保干物质的生产,并使这些干物质向叶球分配。要使植株充分吸收氮、磷、钾,并使氮钾平衡比偏向钾的一侧,只有植株体内的养分得到了保障,才能够生产出优质的叶球。

茎用莴苣定植缓苗后,必须施用速效性氮肥,增大叶面积,为茎部肥大积累营养物质。在发棵期再次追施速效性氮肥,以加速叶片的分化与叶面积的增大。莴苣茎部开始膨大时,对速效性氮肥和钾肥的需求量较大。茎用莴苣有"三窜":"旱了窜,涝了窜,饿了窜。""饿了窜"就是指肥力不足导致莴苣茎细而抽薹。但每次施肥量不宜太大,以防止茎部膨大速度过快而发生裂口,影响外观和品质。

氮是对莴苣生长影响最大的一种营养元素。若莴苣在生育初期缺氮,则外叶数和外叶重量会显著减少,及时补充氮肥后,生育还能恢复,对产量影响不大;但若在莲座期、结球始期和结球中期缺氮,则对产量的影响较大。

莴苣对磷的吸收量在氮、磷、钾三要素中是最少的,但磷素对于莴苣的生育具有重要作用。生育初期缺磷对莴苣的影响最大,其外叶数、外叶重和产量均显著降低,即使在生育中期补足磷素,生育也不能恢复正常;生育中期、结球始期和结球期缺磷对莴苣均有不同程度的影响,但影响的程度随生育期的推进而逐渐减弱。

钾是莴苣吸收最多的矿质元素,对莴苣生育和产量影响很大。莴苣在生育初期和生育中期缺钾时,对其外叶数、外叶重量及产量的影响比较小;在结球始期和结球期缺乏钾时,虽然对其外叶数和叶重影响较小,但对叶球重量影响很大。所以在莴苣生长的中后期,尤其是结球始期,应重视钾肥的施用。

(2)施肥技术

①苗床肥的施用。莴苣栽培需要育苗移栽,育苗时要选择土壤肥沃、地势较高、排灌方便的地块作育苗地。在 15 米² 苗床上培育的幼苗,可供栽培 1 亩莴苣使用。在苗床播种前要先整地,施足腐熟的圈肥、厩肥,也可施入一定量的腐熟的粪干或鸡粪。一般每亩施腐熟的优质圈肥 5000 千克,也可每亩施优质有机肥 455～667 千克,磷酸二氢钾 22 千克。

②基肥的施用。定植田中要施足底肥,在前茬作物收获后抓紧时间整地施肥。一般每亩施优质有机肥 6000 千克以上,磷酸二铵 50 千克,碳酸氢铵 50 千克,也可每亩施优质圈肥 5000 千克,混施过磷酸钙 40～50 千克或氮磷钾复合肥 40 千克(也可根据各地的肥料类型施基肥,但要保证氮、磷、钾三要素齐全)。施肥后深翻 25 厘米左右,然后整平做畦。

③追肥的施用。因莴苣的栽培季节不同,其追肥时期及肥料用量也略有不同。当春莴苣幼苗长至 5～6 片叶时进行定植,定植后浇水,当植株开始长新叶时,结合浇水每亩施硫酸铵 10～25 千克。春季地温低,不宜多浇水,当莲座叶长成、植株已基本封垄、嫩茎开始膨大时,可每亩撒施或冲施硫酸铵 10～15 千克,并及时浇水。此期要保证肥水均匀,才能获得高产优质产品。秋莴苣定植后缓苗较快,定植后即浇缓苗水,施提苗肥,中耕松土,适当蹲苗,促进根系生长。到团棵期追第二次肥,与提苗肥一样,都用少量速效氮肥,可每亩追施硫酸铵 5～10 千克。茎膨大时追第三次肥,要重施氮肥,对叶面喷施 0.3%磷酸二氢钾溶液,每亩可追施硫酸铵 20～25 千克。为增加茎

重和防止抽薹,可喷 0.05%～0.1%青鲜素溶液。

六、绿叶菜类蔬菜施肥技术

(一)绿叶菜类蔬菜营养需求

绿叶菜类蔬菜包括菠菜、芹菜、苋菜、生菜、空心菜、茼蒿、芥菜等,多以幼嫩的绿叶或嫩茎供食用。它们一般植株矮小,生长期短,根系较浅,单位面积上株数较多,喜肥沃湿润的土壤,需要供应充足的肥水。根据其对环境条件的要求不同,绿叶菜类蔬菜可分为两大类:一类喜温暖而不耐寒,如苋菜、空心菜、落葵等,宜在温暖季节栽培;另一类喜冷凉湿润,如菠菜、芹菜、茼蒿等,宜在秋冬季节栽培。有些适应性强的品种也可在春夏两季栽培。

绿叶菜类蔬菜从土壤中吸收的养分含量主要取决于土壤供肥能力、土壤环境条件及各种绿叶菜的生产特性。菠菜吸收氮、磷、钾的比例为 1：0.5：1.44,芹菜吸收氮、磷、钾的比例为 1：0.5：2.6。由此可以看出,绿叶菜类蔬菜需钾量最大,氮次之,磷最少。

(二)绿叶菜类蔬菜施肥技术

1.无公害芹菜施肥技术

(1)**营养特性**　芹菜是伞形科一年生或二年生草本植物,在我国栽培历史悠久,南北各地均有栽培。芹菜的适应性强,可多茬种植,是秋冬季节的主要蔬菜之一。

芹菜是浅根性作物,根系主要分布在 10～20 厘米深的土层,横向分布在 30 厘米左右范围内,吸收面积小,耐旱、耐涝能力较弱。直播的芹菜主根较发达,经过移植的芹菜主根被切断,而侧根较发达。在营养生长阶段,芹菜的茎短缩,花芽分化后抽生出花薹。叶片为二回奇数羽状复叶,每片叶有 2～3 对小叶,叶有三裂,叶面积较小。叶柄长而发达,是主要的食用部分,由维管束构成纵棱,各维管束间充满贮存营养物质的薄壁细胞。叶柄表皮下有发达的厚角组织。维管束及厚角组织不发达的品种纤维少、品质好。水肥充足时,叶柄的薄壁细胞充满水分和养分,口味浓、质地脆;水分和养分不足时,薄壁细胞易破裂,造成空洞,厚角组织细胞加厚,品质下降。

芹菜吸收养分的能力较强,适宜在富含有机质、保水保肥能力强的黏壤土中栽培。沙壤土容易缺水缺肥,在沙壤土中栽培芹菜时,其叶柄易出现空心现象。

芹菜的耐碱性弱,在土壤 pH 6.0~7.0 范围内发育正常。为了促进芹菜根系的发育,增加叶数,增大叶面积,应保持土壤中的水分。在芹菜生长过程中缺水、缺肥时,会使厚角组织加厚,薄壁细胞破裂,造成空心,降低品质。空心是由生育过程中细胞老化造成的。这是由于失去了活性的细胞随着果胶组织的减少,在细胞膜内外产生了空隙,于是输导组织间的薄壁细胞形成了空心。

每生产1000千克芹菜需要吸收氮 1.8~2.6 千克,磷 0.9~1.4 千克,钾 3.7~4.0 千克。氮是叶片生长最重要的营养元素,氮不足时会显著影响叶的分化。因此,在整个生长过程中,氮肥的施用非常重要。磷对于芹菜也是不可缺少的,缺磷会阻碍叶柄的伸长,使植株矮小,但磷过多时会使叶柄纤维增多,维管束加粗,影响产品的品质。钾主要对养分的运输起作用。缺钾时会使薄壁细胞中贮藏的养分减少,抑制叶柄的加粗生长。适当施用钾肥,可以增加植株的抗性,使植株健壮,不易倒伏。

(2)施肥技术　在绿叶蔬菜中,芹菜的生长期较长,对氮、磷、钾的需要量较大。芹菜对钙、镁、硼的需要量也很大,在缺硼的土壤中或由于干旱低温等条件抑制硼的吸收时,芹菜叶柄易发生横裂等症状,严重影响芹菜的产量和品质。

芹菜在生长期中对养分的吸收量随着生长量的增加而增加,各种养分的吸收动态呈 S 型曲线变化。一般芹菜对营养的吸收在前期以氮、磷为主,氮、磷可促进根系和叶片生长;在中期(4～5叶到8～9叶期)对养分的吸收以氮、钾为主,氮、钾比例平衡有利于促进心叶的发育,随着生育天数的增加,氮、磷、钾的吸收量迅速增加。芹菜生长最盛期(8～9叶到11～12叶期)也是养分吸收最多的时期。

芹菜施肥分苗床施肥和本田施肥。由于芹菜苗龄较长,为培育壮苗,播种前每亩苗床要施入有机肥5000～6000千克,配施过磷酸钙100千克和硫酸钾20千克。整地做苗床时将肥料与土壤混匀。芹菜出苗后,根据苗的长势可在中后期补施一定量的氮肥。定植前要施足基肥,一般每亩施有机肥5000千克左右,并配施80千克左右的过磷酸钙。定植时要施适量的氮肥,每亩可施尿素5～7.5千克或硫酸铵7.5～10千克,以促进苗的生长。

芹菜缓苗后,生长较慢,养分吸收量少,可以不施肥。到植株8～9叶期时,芹菜进入生长盛期,应追施氮肥,每亩施尿素10～15千克(或硫酸铵15～20千克)。隔15～20天后再施一次追肥,肥料种类和用量与前一次相同。夏季和秋季栽培的芹菜,追肥次数和施肥量可以不同,应根据气候条件适当调整。在旺盛生长期,还可以进行叶面追肥,如喷施0.5%尿素溶液或0.2%硝酸钾溶液。秋季干旱时容易缺硼,可用0.2%～0.5%硼砂溶液进行叶面追肥,防止叶柄粗糙和龟裂。

2.无公害菠菜施肥技术

(1)营养特性　菠菜的生长发育分为营养生长和生殖生长2个阶段。从出苗到花序分化为营养生长阶段,从花序分化到种子收获为生殖生长阶段。菠菜在2片真叶前生长缓慢,真叶展开后叶数增加,叶片迅速生长。因此,花序分化前叶原基重量的增加和叶面积的扩大是菠菜产量的主要来源,在此期内保证营养供应十分重要。充足的氮素供应可以延迟菠菜的花芽分化,使采收期延长,产量增加。

菠菜的主根发达,直根似鼠尾,红色,可以食用,侧根不发达,不适宜移栽。叶为戟形或近卵圆形,营养生长期的叶片簇生于短缩的茎盘上,质地柔嫩,为主要的食用部分。不管是喜冷凉还是喜温暖的绿叶菜,其栽培技术的关键都在于避免过早的花芽分化,防止未熟抽薹。菠菜是长日照植物,低温有助于促进花芽分化,夏菠菜是典型的长日照植物,未经受低温同样可以进行花芽分化。对于秋菠菜而言,虽然低温会促进花芽分化,但是由于温度越来越低、日照时间越来越短,所以抽薹、开花很慢,这也是秋菠菜产量高、质量好的主要原因。

菠菜对土壤的适应性较强,适宜在保水保肥能力强的沙质壤土中生长,而在黏土中生长则较差。越冬栽培时以保水保肥能力强的"夜潮土"为好,这种土壤由于地下水位高,土壤湿润,冬季地温变化幅度小,早春幼苗返青后可以少浇水,地温升高快,有利于幼苗越冬和返青后迅速生长。

菠菜是耐酸性较弱的蔬菜,适宜的土壤 pH 为 6.0～7.5。pH 小于 5.0 时,菠菜发芽后生长缓慢,严重时叶色变黄、无光泽、硬化、不伸展。因此,在过酸的土壤上种植菠菜时,必须施用石灰或草木灰。但是当 pH 达到 8.0 以上时,菠菜的根、茎、叶的重量会降低。

菠菜生长过程中需要大量的水分,在空气相对湿度为 80%～90%、土壤湿度为 80%～90%的环境中生长旺盛。干燥的环境会限制营养器官的发育,使生长减慢,叶组织老化,品质变差。

菠菜生长迅速,每天吸收的营养物质很多,但是由于根群小,根系浅,所以需要对根系区供应充足的速效养分。每生产 1000 千克菠菜需要吸收氮 2.1～3.5 千克,磷 0.6～1.8 千克,钾 3.0～5.3 千克。另外,硼对于菠菜的栽培也是不可缺少的。缺硼时,菠菜叶心卷曲、失绿,植株矮小,因此,在施肥时可适当施入硼砂。

(2)施肥技术　菠菜的施肥方法应根据土壤肥力、肥料种类、栽培季节、温度、湿度和日照情况而定。

①基肥。前茬收获后对土壤进行深翻,同时施入基肥,每公顷施有机肥 45～75 吨,氮肥的 1/3、磷肥的全部、钾肥的全部或 2/3 作基肥施用,施用量应根据生育期长短和土壤肥力状况调节。

②追肥。春、夏季栽培的菠菜,在3~4片真叶时结合浇水每公顷追施尿素105~150千克。秋季栽培的菠菜,在4~5片真叶时结合浇水每公顷追施尿素150~225千克。菠菜的采收期较长,而且采收次数较多,所以在每次采收后都应及时追肥,补充消耗的养分。

越冬菠菜在2~3片真叶后,生长速度加快,应每公顷随浇水施用速效性氮肥75~105千克。菠菜越冬后,从返青到收获期间应保证充足的水肥供应,并结合浇水和收获情况进行施肥。追肥量为每公顷施用纯氮60~75千克。

对菠菜追施氮肥的次数不应超过4次,并在菠菜采收前20天内不得再追施氮肥。同时应补充硼素,可对叶面喷施硼砂溶液或含硼叶面肥,以促进植株生长。

(3)菠菜施肥要点 种植越冬菠菜在秋季播种,第二年春季菠菜返青并进入旺长期,形成产品。因此,基肥对越冬菠菜非常重要。一般每亩用优质有机肥3000千克左右,翻入土后做畦,在畦面配施复混肥15~20千克,均匀混入畦土中。越冬前可用少量肥水泼浇,但要控制幼苗徒长,以增强其抗寒能力。

返青后是菠菜肥水管理的重要时期,要适期追肥,每亩可用硝酸铵25~30千克,在3月中下旬和4月上旬分2次施入。如果菠菜在开春后迅速生长,发现有脱肥现象,可用0.5%硝酸钾喷施,有良好的效果。

春、夏季菠菜的生长期短、生长速度快,施肥宜早不宜迟。一般在做畦时每亩可施入45%复混肥20~25千克,与土壤混匀。待苗进入迅速生长期时及时追肥,可用硝酸铵20~30千克或高氮比例的复混肥,以少量多次兑水施入,有利于菠菜生长。

3.无公害生菜施肥技术

(1)营养特性 生菜质地脆嫩,味苦中带甜,富含多种营养物质。生菜在食用过程中以生食为主,所以对整个种植生产过程的要求较严格。

①对环境条件的要求。

温度：结球生菜为喜冷凉、忌高温作物。种子在 4℃ 以上可发芽，但发芽慢；在 27℃ 以上发芽困难，因高温限制了胚乳与壁膜之间的气体交换。种子发芽的适温为 15～20℃。幼苗能耐较低温度，在日平均温度 12℃ 时生长壮健，但生长速度较慢。叶球生长的适宜温度为 13～16℃，20℃ 以下时生长良好。

光照：结球生菜为长日照作物，在生长期间需要充足的光照。若光线不足，易使结球生菜结球不整齐或结球松散。长日照可促进花芽分化，高温更易促进花芽分化。

土壤：虽然结球生菜对土壤的适应性较强，但为了获得优质的叶球，必须选择肥沃的沙壤土。若土壤偏沙太瘦、有机肥施用不足，则易引发各种生理病害。

水分：结球生菜的根系入土不深，在结球前要求有足够的水分供应，必须经常保持土壤湿润。生菜进入结球期后对水分要求十分严格，并需要较低的空气湿度，若土壤水分过多或空气湿度较高，极易引起软腐病等病害。

②对肥料的要求。

生菜在整个生长周期对肥料的要求：生菜在苗期对氮肥的需求较高，对磷的需求次之，对钾肥的需求较少；生菜生长的旺盛期对氮、钾肥的需求量不断增大，氮肥的需求量达到整个生菜生长的高峰，而此时对钾肥的需求量也在不断增大；到了中后期，即开始结球的时期，生菜对钾肥的需求量达到了高峰，而对氮肥的需求量则开始慢慢减少。

生菜的生长除了对氮、磷、钾有较大需求外，对其他微量元素也有很大的需求，如硼、铁、铜、镁、锌、钼等。缺铜时，嫩叶出现坏死，严重时造成叶片早落；缺锌时，作物呈现矮生状态，叶小而扭曲，严重时无法长出种子；缺锰时，叶脉缺绿，影响植物光合作用；缺硼时，作物根系发育不良，严重影响作物对养分的吸收。如果生菜缺少了必需的微量元素，会对其生长、品质和抗病虫害能力造成较大影响。

(2)结球生菜施肥技术

①基肥。每亩施用农家肥 2500～3000 千克或商品有机肥 350～400 千克、尿素 4～5 千克、磷酸二铵 13～17 千克、硫酸钾 7～8 千克。缺钙情况下，每亩土壤施硝酸钙 20 千克。

②追肥。

莲座期追肥：每亩施尿素 6～8 千克，硫酸钾 5～6 千克。

结球初期追肥：每亩施尿素 9～12 千克，硫酸钾 6～7 千克。

结球中期追肥：每亩施尿素 6～8 千克，硫酸钾 5～6 千克。

根外追肥：在结球期可对叶面喷施 0.2%磷酸二氢钾溶液 2～3 次。土壤缺钙时，可在莲座期对叶面喷施 1%硝酸钙溶液，连续喷施 3 次，每隔 7 天喷施一次，莲座期结束后停止喷施。进行设施栽培时可增施二氧化碳气肥。

七、香椿施肥技术

(一)安徽省香椿种植概况

香椿被称为"树上蔬菜"，其可食部是香椿树的嫩芽。香椿在山东、安徽、河南、陕西、四川及湖南南部和广西北部等地均有栽培，其中以安徽的太和香椿最为著名。

太和香椿是安徽省名优特产品，相传有 1000 多年历史。《太和县志》对太和椿芽有如下记载："肥嫩、香味浓、油汁厚、叶柄无木质，清脆可口。"太和县香椿尤以谷雨前的椿芽品质优良，芽头鲜嫩，色泽油光，肉质肥厚，清脆无渣，并被称为"太和椿芽"，驰名中外。腌制后的椿芽经年不变质，畅销国内外，最受东南亚国家和地区人们的喜爱。"太和椿芽"含有极为丰富的营养物质，具有较高的药用价值。

太和县大新镇以盛产"玉皇贡椿"而美誉省内外。优质的土壤条件特别适宜香椿的生长,其中黑油椿、红油椿等优质香椿畅销省内外。近年来,该镇香椿连片种植面积不断扩大,目前已达 3200 亩左右,成为太和县优质香椿生产基地。

(二)香椿营养需求

香椿比较耐低温,其生长适宜温度为 16～25℃,在日平均温度达到 10℃时即可绽芽。

香椿既喜光又忌光。喜光是指充足的光照条件有利于获得较高产量,忌光是指当香椿树干长时间接受阳光直射后,易出现偏树干现象和日灼灾害。香椿不耐阴。在光照不足、植株密度大的条件下,枝条常出现细弱徒长、向上生长的现象。所以,在温室保护地栽培中,合理密植、改善光照条件是提高产量、改善品质的重要措施。

由种子繁殖的香椿,其垂直根生长能力强于水平根,垂直根入土深 1～2 米。由分株、扦插等无性方法繁殖的香椿,其水平根生长能力强于垂直根,水平根分布较浅,在 10～30 厘米土层里分布比较集中。

香椿树干的高度可达 20 米,但多进行矮化密植。香椿的顶端优势十分显著,顶芽长到 3～5 厘米后侧芽才开始萌发,为了提高产量和方便采摘,要抑制其顶端优势,促进矮化,多发侧枝。

香椿在春季萌发出嫩芽,外面包以鳞片,内有很短的嫩茎及未展开的嫩叶,嫩叶长至 10 厘米左右时即可采摘食用。叶互生,偶数羽状复叶,小叶为长圆形至披针形,全缘或有浅锯齿,叶表面为鲜绿色,叶背为淡绿色,叶柄红色,有浅沟,基部肥大。

香椿原产于温带地区,喜温暖和湿润的气候,在平均气温 8～23℃的地区都能生长,幼株在 −10℃以下会受冻,大树则能耐 −20℃的低温。种子发芽的适宜温度为 20～25℃,幼苗生长的适宜温度为 20～30℃,低于 10℃时顶芽形成不饱满,昼夜温差变化太大会影响嫩芽的品质和风味。

香椿喜湿但怕涝,抗旱能力强,在土层深厚、湿润的沙质土壤中能正常生长。香椿对土壤酸碱度的要求不严格,在 pH 5.5～8.0 的土壤上均可生长,其中在石灰性土壤上生长较好。

(三)香椿施肥技术

香椿一般能采收 8～10 年。在播种时要选择土壤肥沃、光照充足、背风向阳、土层深厚、排水良好的阳坡地,深耕细作,施足基肥。矮化密植时用种子直播育苗,精心培育,间密补稀,当苗高 1 米左右时摘掉顶芽,促进侧枝萌发,采收嫩芽。香椿越冬时,于小雪前在地径周围培土 30 厘米厚以上,可保墒保温保苗。翌春除去封土,便可正常生长采收。若移苗栽种,需选择苗圃地的大壮苗在秋季带叶移栽。

1.苗期施肥

6 月份以后香椿生长旺盛,需水量大,应及时浇水,保持土壤见干见湿。由于香椿怕涝,在雨季应及时排水,防止积水发生涝害。8月份以后减少浇水,促进苗木木质化,提高抗旱能力。育苗时,除施用有机肥外,还应在各个生长期进行追肥。从 6 月份开始增大苗木施肥量,追第一次肥。7 月中旬追第二次肥,每次每亩追施尿素 15 千克。8 月上旬到 9 月上旬,为促进苗木木质化,防止徒长,要增施磷、钾肥。

2.基肥

选择地势平坦、水源充足、土层深厚、土壤肥沃、排水良好的地块栽种香椿。定植前进行深翻、耙平,同时,每公顷施腐熟有机肥 5～7吨,磷酸二铵 450 千克,草木灰 500 千克。翻耕耙平后即可做成平畦,畦宽1.5～2.0 米。

香椿根据定植时间可分为秋栽香椿和春栽香椿。香椿在秋栽后入冬前有一段缓苗期,第二年发芽早,生长速度快。春栽应在尚未萌芽的休眠期进行,华北地区多在3月中旬定植。一般株行距为35厘米×45厘米,深度与原苗木入土深度相似。起苗时应尽量多留根,栽后20天再浇一次水。由于定植时根系易受严重损伤,吸收能力差,因此,定植初期除定期浇水外,还应视土壤干湿情况及时补充水分。另外,应及时进行矮化整形处理,以利于提高产量,进行集约化栽培。

露地栽培的香椿在4月下旬即可开始采收。当椿芽长到10～14厘米时进行第一次采摘,采后20天左右、萌发的侧芽新梢长到10厘米以上时进行第二次采摘。第二茬每枝上留1～2个复叶,以辅养树体。以后当侧芽萌发至25厘米左右长时,将嫩梢剪取10～15厘米供食用,基部留3～4片复叶。每次采芽后应追肥浇水,及时补充养分。

(四)香椿肥水管理要点

香椿的肥水管理虽然属于粗放型,但为了使其生长快、产量高,还要做好肥水管理和病虫害防治工作。若天气干旱,应及时浇水;每年都要中耕松土,在行间最好套种绿肥,于5月份翻压入土或者浇施人畜粪尿。香椿为速生木本蔬菜,需水量不大,对钾肥的需求量较高,每300米^{2}温棚的底肥需施充分腐熟的优质农家肥2500千克左右、草木灰75～150千克或磷酸二氢钾3～6千克、碳酸铵3～6千克。每次采摘后,根据地力、香椿长势及叶色,适量追肥、浇水。在香椿生长期间不需追肥,在第二茬香椿芽长出后追肥,将尿素150～225千克/公顷或复合肥225千克/公顷溶于水后浇灌,每采收一次施一次追肥。

一、安徽省夏玉米高产高效测土配方施肥技术

近年来,安徽省玉米种植面积超过 1000 万亩,其中淮北地区种植面积占 85%,产量占全省的 90% 以上。我省玉米主要为夏玉米,一般于 6 月中上旬播种,9 月下旬至 10 月上旬收获,生育期为 100~110 天。通常将玉米生育期划分为播种期、出苗期、拔节期、抽雄期、开花期、吐丝期和成熟期等时期。当前生产中适宜的基本苗数一般为每亩 3500~4500 株。每穗粒数 500 粒左右,千粒重 300 克以上。测土配方施肥是玉米获得高产的关键技术。

(一)安徽省夏玉米养分吸收规律

安徽省夏玉米养分吸收规律见表 1。

表 1　不同产量水平夏玉米氮、磷、钾的吸收量

产量水平 (千克/亩)	养分吸收量(千克/亩)		
	氮	五氧化二磷	氧化钾
400	8.9	2.7	7.8
500	10.7	3.9	10.0
600	12.5	5.1	12.2

(二)安徽省夏玉米推荐施肥技术

由于安徽各地区农田中氮、磷、钾等养分含量有差异,且夏玉米在不同生育时期的养分需求特征不同,因此,在夏玉米的氮、磷、钾等养分管理上应采取不同的策略。具体措施是:氮素管理采用总量控制、分期调控技术;磷素和钾素采用恒量监控技术;中量元素和微量元素做到因缺补缺。

1.安徽省夏玉米氮肥总量控制、分期调控技术

根据大量田间试验总结表明,安徽省夏玉米氮肥总量应控制在$10\sim12$千克/亩,并依据产量目标进行总量调整。其中$50\%\sim60\%$的氮肥在播前翻耕入土,$40\%\sim50\%$的氮肥用于追施。

2.安徽省夏玉米磷肥用量

根据土壤有效磷(Olsen-P法)的测试值和目标产量确定安徽省夏玉米的磷肥用量,磷肥全部作为基肥施用。技术指标见表2。

表2　安徽省夏玉米土壤磷分级及磷肥用量

肥力等级	有效磷 (毫克/千克)	施肥目标	不同目标产量下磷肥用量 (五氧化二磷,千克/亩)		
			400	500	600
低	<10	增产和培肥地力	5	6	7
中	$10\sim20$	保证产量和维持地力	3	4	5
高	>20	保证产量和控制环境风险	2	2	3

3.安徽省夏玉米钾肥用量

根据土壤速效钾(交换性钾,醋酸铵法)的测试和目标产量确定安徽省夏玉米的钾肥用量,技术指标见表3。

表3　安徽省夏玉米土壤钾分级及对应钾肥用量

肥力等级	速效钾 （毫克/千克）	施肥目标	不同目标产量下钾肥用量 （氧化钾，千克/亩）		
			400	500	600
低	<70	增产和培肥地力	8	9	10
中	70～100	保证产量和维持地力	6	7	8
高	>100	保证产量和控制环境风险	4	5	6

（三）安徽省夏玉米微肥施用技术

针对安徽省部分土壤可能缺锌的情况，结合高产夏玉米生长发育的营养需求，给出锌肥施用的技术指标，见表4。

表4　安徽省夏玉米微量元素丰缺指标及施用方法

元素	提取方法	临界指标 （毫克/千克）	推荐肥料	叶面追肥 （溶液浓度）	基施用量 （千克/亩）
锌	DTPA	1.0	七水硫酸锌	0.1%～0.3%	1.0～2.0

注：必须严格控制微量元素肥料的施用量，要注意对其后效的利用和防止土壤污染。微量元素肥料作基肥时需隔2～3个轮作周期施一次，防止过量施用产生毒害。

（四）安徽省夏玉米专用肥配方制定及应用

安徽省玉米的种植主要分布于淮北平原区，淮北平原土壤有机质含量为1.6%±0.4%，有效磷含量平均值为（17±10）毫克/千克，速效钾含量平均值为（141±51）毫克/千克，空白产量平均值为（308±136）毫克/千克。根据前面的养分丰缺指标值，安徽省淮北平原区的土壤有效磷处于中等肥力水平，而土壤速效钾处于高等肥力水平。该地区玉米的目标产量为500～600千克/亩，根据夏玉米养分需求特征，目标产量下磷肥推荐用量为4千克/亩，钾肥推荐用量为5千克/亩,区域氮肥推荐用量为 12～15 千克/亩,其中基肥用量为 6～7 千克/亩(氮肥运筹为基肥：喇叭口期追肥＝5：5),所以安徽省淮北平原区玉米的专用肥 N：P_2O_5：K_2O 比例为 1：0.7：0.8。根据当地习惯,可配成总养分 45％的复合肥,配方为 17—13—15,施肥建议为基肥施玉米专用肥 40 千克/亩,喇叭口期追施尿素 10～13 千克/亩。

(五)安徽省夏玉米高产施肥技术

施肥建议：

(1)产量水平 400～500 千克/亩：氮肥(纯氮)10～14 千克/亩,磷肥(五氧化二磷)2～4 千克/亩,钾肥(氧化钾)3～5 千克/亩,锌肥(硫酸锌)1～2 千克/亩。

(2)产量水平 500～600 千克/亩：氮肥(纯氮)12～15 千克/亩,磷肥(五氧化二磷)3～5 千克/亩,钾肥(氧化钾)4～6 千克/亩,锌肥(硫酸锌)1～2 千克/亩。

施肥时期：分基肥、穗肥 2 次施用。基肥：在玉米播种前施入50％的总氮肥和全部磷、钾、锌肥,以促根壮苗;穗肥：在玉米大喇叭口期(第 11～12 片叶展开)追施 50％的总氮肥,深施以促穗大粒多。

二、玉米无公害标准化生产技术规程

1.产地选择

(1)大气环境质量标准:基地及基地周围无污染气体、粉尘排污源,大气质量符合《无公害农产品产地环境质量标准》(DB37/274.1—2000)。

(2)土壤环境质量标准:土壤元素背景值正常,基地内无金属或非金属矿山,未受到人为污染,土壤中无农药残留,符合《无公害农产品产地环境质量标准》(DB37/274.1—2000)。土壤肥力较高,土壤容重为 1.1~1.3 克/厘米³;土壤质地为壤质土;有机质≥12.0 克/千克;全氮≥0.8 克/千克;有效氮≥75 毫克/千克;全磷≥1.0 克/千克;速效磷≥12 毫克/千克;全钾≥20.0 克/千克;速效钾≥100 毫克/千克。

(3)灌溉水质标准:地表水、地下水水质清洁、无污染,水域或上游水没有对基地构成污染威胁的污染源,生产用水质量符合《无公害农产品产地环境质量标准》。水源丰富、水利设施完备,轮灌周期≤15 天。

2.品种选择

品种品质:要选用优质、专用品种。品种生育期:麦田套种生育期<110 天,夏直播生育期<105 天。种子纯度≥98%,发芽率≥85%,符合 GB4404.1—1996 标准。种子用包衣处理。

3.播种

麦田套种:麦收前 7~10 天套种,每亩用种量为 2.5 千克。夏直播:麦收后及时播种,开沟条播或穴播,每亩用种量为 2.5 千克。

4.田间肥水管理

(1)苗期管理(出苗至小喇叭口期)。松土灭茬:玉米出苗后及时进行田间松土灭茬,第一次行间深锄 5 厘米,第二次行间深锄 15 厘米,株间深锄 5 厘米。间苗定苗:三叶期时间苗,留苗密度为适宜密度的 120%~130%;五叶期时定苗,使幼苗达到适宜密度。

密度:大穗型品种 3500~3800 株/亩;紧凑型品种 4500~5000 株/亩。施肥浇水:叶龄指数 30% 时施肥,每亩施用优质土杂肥 3000 千克;氮肥 30 千克(折标准,下同);磷肥 50 千克;钾肥 25 千克;锌肥 1 千克,深施入土 10~15 厘米,距植株 10~15 厘米,施后及时浇水。

(2)中期管理(小喇叭口期至抽雄期)。重施孕穗肥,叶龄指数

70%时,每亩施氮肥 50 千克。浇水:孕穗期后,天气干旱,土壤含水量降至 75%以下时,要及时浇水。

(3)后期管理(抽雄期至成熟期)。补施粒肥:开花后每亩补施氮肥 10 千克。保证土壤水分:土壤含水量保持在 80%左右,低于 75%时要及时浇水。

5.病虫草害防治

(1)病虫草害防治原则:贯彻"预防为主,综合防治"的植保方针,通过选用抗性品种、科学施肥、加强管理等措施,创造有利于小麦生长的良好环境。优先采取农业防治、生物防治,配合使用化学防治,将有害物质控制在允许的阈值以下,达到优质、无公害的标准。

(2)农业防治:选用抗病品种,进行田间中耕,去除杂草。

(3)生物防治:利用自然天敌控制蚜虫危害,用 Bt 乳剂 100 毫升/亩喷雾防鳞翅目害虫。

(4)化学防治:严格执行国家有关规定,杜绝使用高毒、高残留农药或有致癌、致畸、致突变的农药(详见国家禁止使用的农药)。

(5)病害防治:粗缩病,及时灭茬除草,用 10%吡虫啉 10 克/亩兑水喷雾;叶斑病,用 75%百菌清 800 倍液喷雾;黑粉病,用种量 0.1%的 50%多菌灵拌种。

(6)虫害防治:地下害虫,用 20%玉米种衣剂拌种;玉米螟,用 5%辛硫磷颗粒剂 250 克/亩兑水喷施于心叶;玉米蚜虫,用 10%吡虫啉 10 克/亩兑水喷雾。

(7)草害防治:用 50%玉米宝 200 毫升/亩兑水处理土壤。

6.收获

适时收获,在玉米籽粒乳线 80%以上消失、胚间出现黑色隔离层时收获。收获后剥去苞叶,及时晾晒,当水分降至 13%以下时脱粒。

三、生菜无公害生产技术规程

1.范围

本规程规定了无公害生菜生产的环境质量要求、栽培技术措施、肥料施用原则及方法、病虫害防治原则及采收等。

本规程适用于保护地和露地无公害生菜生产。

2.规范性引用文件

下列文件中的条款通过本规程的引用而成为本规程的条款。凡是注日期的引用文件，其随后所有的修改单（不包括勘误的内容）或修订版均不适用于本规程。凡是不注日期的引用文件，其最新版本适用于本规程。

GB3095—1992　　　　环境空气质量标准
GB5084—1992　　　　农田灌溉水质标准
GB/T18406.1—2001　农产品安全质量无公害蔬菜安全要求
GB/T8321.1—2000　　农药合理使用准则
GB4285—1989　　　　农药安全使用标准
NY/T391—2000　　　　产品环境技术条件
NY/T393—2000　　　　农药使用准则
《中华人民共和国农药管理条例》

3.环境质量要求

3.1　生产基地环境选择按 NY5010 标准执行。

3.2　基地地势平坦，水肥条件好，提倡节水灌溉。

3.3　收获后及时清洁田园，销毁残枝枯叶，及时回收残留农膜。

4.栽培技术措施

4.1　品种选择　选用优质高产、抗病虫、抗逆性强、适应性广、商品性好的生菜品种。

4.2　种子处理　在高温季节播种,种子应进行低温催芽。

4.2.1　浸种。用冷水浸泡 6 小时左右。

4.2.2　催芽。将种子搓洗捞出后用湿纱布包好,置于 15～18℃温度下催芽,或置于冰箱(5℃左右)中存放 24 小时,再将种子置阴凉处保湿催芽。

4.3　培养无病虫壮苗

4.3.1　育苗场地。育苗场地应和生产场地隔离,实行集中育苗或专业育苗。

4.3.2　育苗土配制。用 3 年内未种过生菜的园土与优质腐熟有机肥混合。

4.3.3　苗床土消毒。用 50% 多菌灵可湿性粉剂与 50% 福美双可湿性粉剂按 1：1 混合,或用 25% 甲霜灵可湿性粉剂与 70% 代森锰锌可湿性粉剂按 9：1 混合。每平方米床土用药 8～10 克,与 15～30 千克细土混合,取 1/3 药土撒在畦面上,播种后再把其余 2/3 药土盖在种子上。

4.3.4　播种。播种时采取先浇底水、后撒籽、再覆土的方法。生菜育苗方法有子母苗(苗期不进行分苗,主要适用于散叶型)和移植苗(结球型苗期进行分苗)2 种,前者籽可撒稀些,苗畦籽不超过 1 克/米^2。后者每亩用种量为 25～30 克。

4.3.5　苗期管理。春秋季育苗,夏季采用遮阴、降温等措施,加强管理,保持土壤湿润,适期分苗,适当放风、炼苗,控制幼苗徒长,苗床温度保持在 15～20℃,发现病虫苗后随时拔除。

4.4　定植

4.4.1　施肥整地。施用优质腐熟有机肥 5000 千克/亩,加上复合肥 20～30 千克/亩即可,保护地栽培的底肥应增施有机肥料 1000 千克/亩,施肥后及时整地、翻地。

4.5　定植后管理。定植后的缓苗期要保持土壤湿润,一般浇 2 次缓苗水,定植后5～6 天追少量速效氮肥,15～20 天后追复合肥 15～20 千克/亩,25～30 天后追复合肥 10～15 千克/亩,中后期不可 用人粪尿作追肥。

5.收获及后续管理

5.1　适时收获,采收前 5 天要停止浇水。散叶生菜的单株重 250～500 克,结球生菜的单株重 400～750 克。

5.2　收获的生菜禁止用污水洗涤,采收、包装、运输过程中所用 的工具要清洁、卫生、无污染。

[1] 肖焱波. 作物营养诊断与合理施肥[M]. 北京:中国农业出版社,2010.

[2] 谭金芳. 作物施肥原理与技术[M]. 北京:中国农业大学出版社,2003.

[3] 石伟勇. 植物营养诊断与施肥[M]. 北京:中国农业出版社,2005.

[4] 吕英华. 无公害蔬菜施肥技术[M]. 北京:中国农业出版社,2003.

[5] 陈伦寿. 蔬菜营养与施肥技术[M]. 北京:中国农业出版社,2002.

[6] 鲁剑巍. 测土配方与作物配方施肥技术[M]. 北京:金盾出版社,2006.

[7] 赵永志. 果树测土配方施肥技术理论与实践[M]. 北京:中国农业科学技术出版社,2012.

[8] 姜存仓. 果园测土配方施肥技术[M]. 北京:化学工业出版社,2011.

[9] 王迪轩. 有机蔬菜科学用药与施肥技术[M]. 北京:化学工业出版社,2011.

[10] 张福锁. 测土配方施肥技术[M]. 北京:中国农业大学出版

社,2011.

　　[11]薛世川,彭正萍.玉米科学施肥技术[M].北京:金盾出版社,2009.

　　[12]巫东堂,程季珍.无公害蔬菜施肥技术大全[M].北京:中国农业出版社,2010.

　　[13]全国农业技术推广服务中心.蔬菜测土配方施肥技术[M].北京:中国农业出版社,2011.